Deutschland – geografische Extremwerte

Angaben nach „Statistisches Jahrbuch der Bundesrepublik Deutschland. 2008“

Verwendete Zeichen, Abkürzungen und Symbole

Zeichen	Sprechweise / Bedeutung	Zeichen	Sprechweise / Bedeutung
$=$	gleich	$\cong$	kongruent zu, deckungsgleich
$\neq$	ungleich	$\parallel$	parallel zu, Beispiel: $g \parallel h$
$<$	kleiner als	$\perp$	senkrecht auf, rechtwinklig zu
$\leq$	kleiner oder gleich	$\triangle ABC$	Dreieck mit den Eckpunkten A, B, C
$>$	größer als	$\sphericalangle$	Winkel
$\geq$	größer oder gleich	⦜	rechter Winkel
$\approx$	rund, angenähert	$\overline{AB}$	Strecke AB
$\widehat{=}$	entspricht	$\vec{a}, \vec{F}$	Vektoren
%	Prozent	A, B, M_1	Mengen
‰	Promille	$\{a; b\}$	Menge mit den Elementen a und b
$a \mid b$	a teilt b, a ist Teiler von b	$\varnothing$	leere Menge
$a \nmid b$	a teilt nicht b	$\{x \mid x = \ldots\}$	Menge aller x, für die gilt: $x = \ldots$
$+$	plus	$\in$	Element von
$-$	minus	$\notin$	nicht Element von
$\cdot$	mal, multipliziert mit	$\subseteq$	Teilmenge von
$a : b$, $\frac{a}{b}$	a durch b, a geteilt durch b	$\subset$	echte Teilmenge von
a^b	a hoch b (Potenz)	$A \cap B$	Durchschnittsmenge von A und B
$\sqrt{}$	Quadratwurzel aus	$A \cup B$	Vereinigungsmenge von A und B
$\sqrt[n]{}$	n-te Wurzel aus	$A \setminus \{1\}$	Menge A ohne das Element 1
$\log_a x$	Logarithmus x zur Basis a	$\mathbb{N}$	Menge der natürlichen Zahlen
$\lg x$	Logarithmus x zur Basis 10	$\mathbb{N}^*$	Menge der natürlichen Zahlen ohne Null
$\ln x$	Logarithmus x zur Basis e	$\mathbb{Z}$	Menge der ganzen Zahlen
$\lvert x \rvert$	Betrag von x	$\mathbb{Q}_+$	Menge der gebrochenen Zahlen
sin	Sinus	$\mathbb{Q}$	Menge der rationalen Zahlen
cos	Kosinus	$\mathbb{R}$	Menge der reellen Zahlen
tan	Tangens	I	Menge der irrationalen Zahlen
cot	Kotangens	$]a, b[$	offenes Intervall von a bis b
$n!$	n Fakultät	$[a, b]$	abgeschlossenes Intervall
$\binom{n}{k}$	n über k (Binomialkoeffizient)	$[a, b[$	halboffenes Intervall
		∞	unendlich
$(x; y)$	geordnetes Paar	π	Kreiszahl Pi ($\pi = 3{,}14159\ldots$)
$\longmapsto$	Zuordnung, Beispiel: $x \longmapsto x^2$	e	eulersche Zahl ($e = 2{,}71828\ldots$)
$f(x)$	f von x (Wert der Funktion f an der Stelle x)	(S. ...)	Seitenverweis
$\sim$	proportional; ähnlich zu; äquivalent		

Formeln Tabellen Wissenswertes

für die Sekundarstufe I

DUDEN PAETEC Schulbuchverlag

Berlin · Frankfurt a. M.

Autoren
Dr. Uwe Bahro (Mathematik)
Frank-Michael Becker (Biologie)
Dr. Lutz Engelmann (Mathematik, Informatik)
Dr. Christine Ernst (Chemie)
Dipl.-Ing.Kart. Manuela Liesenberg (Geographie)
Dr. Günter Liesenberg (Mathematik)
Prof. Dr. habil. Lothar Meyer (Physik, Astronomie)
Doz. Dr. habil. Christa Pews-Hocke (Biologie)
Dr. habil. Bernd Raum (Geographie)
Dr. Gerd-Dietrich Schmidt (Physik)
Helga Simon (Chemie)

Redaktion Dr. Lutz Engelmann
Layout und Zeichnungen Joachim Barig, Andreas Biedermann, Dr. Zlatko Enev, Dr. Lutz Engelmann, Manuela Liesenberg

www.duden-schulbuch.de

1. Auflage, 17. Druck 2015

Alle Drucke dieser Auflage sind inhaltlich unverändert
und können im Unterricht nebeneinander verwendet werden.

Druck: H. Heenemann, Berlin

ISBN 978-3-89517-257-1 (Festeinband)
ISBN 978-3-89517-255-7 (Broschur)

PEFC
PEFC/04-31-1156

PEFC zertifiziert
Dieses Produkt stammt aus nachhaltig bewirtschafteten Wäldern und kontrollierten Quellen.

www.pefc.de

Inhalt

Ma1

Alphabete, Rechnen mit Näherungswerten, Taschenrechner

Griechisches Alphabet

Α	α	Alpha	Η	η	Eta	Ν	ν	Ny	Τ	τ	Tau
Β	β	Beta	Θ	θ, ϑ	Theta	Ξ	ξ	Xi	Υ	υ	Ypsilon
Γ	γ	Gamma	Ι	ι	Jota	Ο	ο	Omikron	Φ	φ	Phi
Δ	δ	Delta	Κ	κ	Kappa	Π	π	Pi	Χ	χ	Chi
Ε	ε	Epsilon	Λ	λ	Lambda	Ρ	ρ	Rho	Ψ	ψ	Psi
Ζ	ζ	Zeta	Μ	μ	My	Σ	σ, ς	Sigma	Ω	ω	Omega

Morsealphabet

a	· –	i	· ·	r	· – ·	0	– – – – –
ä	· – · –	j	· – – –	s	· · ·	1	· – – – –
b	– · · ·	k	– · –	t	–	2	· · – – –
c	– · – ·	l	· – · ·	u	· · –	3	· · · – –
ch	– – – –	m	– –	ü	· · – –	4	· · · · –
d	– · ·	n	– ·	v	· · · –	5	· · · · ·
e	·	o	– – –	w	· – –	6	– · · · ·
f	· · – ·	ö	– – – ·	x	– · · –	7	– – · · ·
g	– – ·	p	· – – ·	y	– · – –	8	– – – · ·
h	· · · ·	q	– – · –	z	– – · ·	9	– – – – ·

Deutsches Frakturalphabet

lateinischer Buchstabe	A a	B b	C c	D d	E e	F f	G g	H h	I i	J j	K k	L l	M m
Deutsch: Frakturschrift	𝔄 𝔞	𝔅 𝔟	ℭ 𝔠	𝔇 𝔡	𝔈 𝔢	𝔉 𝔣	𝔊 𝔤	ℌ 𝔥	ℑ 𝔦	𝔍 𝔧	𝔎 𝔨	𝔏 𝔩	𝔐 𝔪
Schreibschrift	A a	B b	C c	D d	E e	F f	G g	H h	I i	J j	K k	L l	M m
lateinischer Buchstabe	N n	O o	P p	Q q	R r	S s ß	T t	U u	V v	W w	X x	Y y	Z z
Deutsch: Frakturschrift	𝔑 𝔫	𝔒 𝔬	𝔓 𝔭	𝔔 𝔮	ℜ 𝔯	𝔖 𝔰 ß	𝔗 𝔱	𝔘 𝔲	𝔙 𝔳	𝔚 𝔴	𝔛 𝔵	𝔜 𝔶	ℨ 𝔷
Schreibschrift	N n	O o	P p	Q q	R r	S s ß	T t	U u	V v	W w	X x	Y y	Z z

Römische Zahlzeichen

Schreibweise	– Es wird links mit dem Symbol der größten Zahl begonnen. Die Symbole I, X, C werden höchstens dreimal nacheinander geschrieben, die Symbole V, L, D einmal. – Steht ein Symbol einer kleineren Zahl vor dem einer größeren, so wird sein Wert von dem folgenden größeren subtrahiert. Vorangestellt, also subtrahiert, darf immer nur höchstens ein kleineres Grundsymbol werden.									
Grundsymbole	I	1	X	10	C	100	M	1000		
Hilfssymbole	V	5	L	50	D	500				
Anwendungen	III	3	XI	11	XL	40	XCVIII	98	DCCCLXXXVIII	888
	VII	7	XIV	14	XLI	41	IC	99	CM	900
	VIII	8	XXIX	29	LXXXIV	84	CVII	107	MCMLXXXVII	1987
	IX	9	XXX	30	XC	90	CCCII	302	MXMIV	1994
	Hinweis: Von mehreren möglichen Schreibweisen (z. B. für 1997 MCMXCVII bzw. MXMVII) wählt man heute meist die kürzere.									

Telefonalphabet

	Deutsch	International	NATO
A	Anton	Amsterdam	Alpha
B	Berta	Baltimore	Bravo
C	Cäsar	Casablanca	Charlie
D	Dora	Dänemark	Delta
E	Emil	Edison	Echo
F	Friedrich	Florida	Foxtrott
G	Gustav	Gallipoli	Golf
H	Heinrich	Havanna	Hotel
I	Ida	Italia	India
J	Julius	Jerusalem	Juliet
K	Kaufmann	Kilogramm	Kilo
L	Ludwig	Liverpool	Lima
M	Martha	Madagaskar	Mike
N	Nordpol	New York	November
O	Otto	Oslo	Oscar
P	Paula	Paris	Papa

	Deutsch	International	NATO
Q	Quelle	Quebec	Quebec
R	Richard	Roma	Romeo
S	Siegfried	Santiago	Sierra
T	Theodor	Tripoli	Tango
U	Ulrich	Uppsala	Uniform
V	Viktor	Valencia	Victor
W	Wilhelm	Washington	Whisky
X	Xanthippe	Xanthippe	X-Ray
Y	Ypsilon	Yokohama	Yankee
Z	Zeppelin	Zürich	Zulu
Ch	Charlotte		
Sch	Schule		
Ä	Ärger		
Ö	Ökonom		
Ü	Übermut		

Darstellung von Dezimalzahlen mithilfe abgetrennter Zehnerpotenzen

a > 1	**a < 1**
$3\,440\,000 = 3{,}44 \cdot 1\,000\,000 = 3{,}44 \cdot 10^6$ Beim Übergang von $3{,}44 \cdot 10^6$ zur normalen Schreibweise rückt das Komma um 6 Stellen nach rechts und man erhält 3 440 000.	$0{,}000\,000\,023 = 2{,}3 \cdot 0{,}000\,000\,01 = 2{,}3 \cdot 10^{-8}$ Beim Übergang von $2{,}3 \cdot 10^{-8}$ zur normalen Schreibweise rückt das Komma um 8 Stellen nach links und man erhält 0,000 000 023.

Hinweis: Für $3{,}44 \cdot 10^6$ wird von manchen Taschenrechnern und Computern auch „3,44 E6“, „3,44 E06“ oder „3,44 06“ ausgegeben.

Rundungsregeln

Runden	Beim Runden werden alle auf eine bestimmte Ziffer folgenden Ziffern durch Nullen ersetzt (bei natürlichen Zahlen) bzw. weggelassen (bei Dezimalbrüchen).
Abrunden	Die Stelle, auf die zu runden ist, bleibt unverändert, wenn ihr eine 0, 1, 2, 3 oder 4 folgt. 56 358 soll auf Tausender gerundet werden. Der 6 folgt eine 3, es ist also abzurunden: $56\,358 \approx 56\,000$
Aufrunden	Die Stelle, auf die zu runden ist, wird um 1 erhöht, wenn ihr eine 5, 6, 7, 8 oder 9 folgt. 56 358 soll auf Hunderter gerundet werden. Der 3 folgt eine 5, es ist also aufzurunden: $56\,358 \approx 56\,400$

Rechnen mit Näherungswerten

Näherungswerte erhält man beim	– Messen und Runden, – Ersetzen von irrationalen Zahlen durch rationale Zahlen, – Ersetzen von gemeinen Brüchen, die auf periodische Dezimalbrüche führen, durch endliche Dezimalbrüche, – Arbeiten mit Tafeln, Taschenrechnern und Computern.
zuverlässige Ziffern	sind die Ziffern eines Näherungswertes, die für Rechnungen herangezogen werden können. 3,6 hat zwei zuverlässige Ziffern. 3,60 hat drei zuverlässige Ziffern. 48,12 hat vier zuverlässige Ziffern.

Rechenoperation	Regel
Addition und Subtraktion	Beim Addieren und Subtrahieren sucht man denjenigen Näherungswert heraus, bei dem die letzte zuverlässige Ziffer am weitesten links steht, und rundet das Ergebnis auf diese Stelle.
Multiplikation und Division	Beim Multplizieren und Dividieren sucht man denjenigen Näherungswert heraus, der die geringste Anzahl zuverlässige Ziffern besitzt, und rundet das Ergebnis auf diese Stellenanzahl.

Rechnen mit dem Taschenrechner

Zahleneingabe	Von links nach rechts Ziffern eingeben. (Statt [,] ist auch [.] möglich.) 64,73 [6] [4] [,] [7] [3]
· negative Zahlen	[+/-] −331 [3] [3] [1] [+/-] [−] −542 [−] [5] [4] [2]
· Zehnerpotenzen	[EXP] $4{,}31 \cdot 10^{-4}$ [4] [,] [3] [1] [EXP] [4] [+/-] bzw. [10^x] oder [EEX] oder [EE]
Löschen · Korrektur	[CE • E] [C] Löschen/Korrigieren der letzten Zahl oder Rechenoperation [DEL] [INS] bzw. Korrekturtasten [←] [→] verwenden und an der entsprechenden Stelle korrigieren [DEL] Delete (Löschen), [INS] Insert (Einfügen)
· alles löschen	[AC] oder zweimal [CE • E]
Speichern · in den Speicher eingeben	[x→M] 273 [x→M] oder [STO] oder [MS] oder [Min] oder [STO] und eine Buchstabentaste
· im Speicher rechnen	[M+] [M-] 15 addieren 15 [M+] oder [2nd] [Sum] oder [SHIFT] [Sum] Anzeige im Display:
· aus dem Speicher abrufen	[MR] [MR] [288] oder [RCL] oder [RCL] und eine Buchstabentaste
· Speicher löschen	[MC] bzw. 0 [x→M] bzw. 0 [Min]
Berechnung ausführen	[=] oder [EXE]

Vorrangautomatik	Regel: „Punktrechnung geht vor Strichrechnung“		1. Potenzberechnungen 2. Multiplikation / Division 3. Addition / Subtraktion	
		$2 + 3 \cdot 4$	2 + 3 × 4	[14]
		$(2 + 3) \cdot 4$	(2 + 3) × 4	[20]
Rechnen mit Brüchen	$a^b/_c$	$\frac{3}{4} + 2\frac{1}{2}$	3 $a^b/_c$ 4 + 2 $a^b/_c$ 1 $a^b/_c$ 2	[3⌟1⌟4]
Prozenttaste $\frac{W}{p} = \frac{G}{100}$	Die Taste % führt eine Division durch 100 aus. Es soll ermittelt werden:			
	· Prozentwert	$W = \frac{p \cdot G}{100}$	p × G % =	
	· Prozentsatz	$p = \frac{W \cdot 100}{G}$	W ÷ G % =	
	· Grundwert	$G = \frac{W \cdot 100}{p}$	W ÷ p % =	
	(Bei manchen Taschenrechnern kann die Taste = entfallen.)			
Quadrieren	x^2	4^2	4 x^2 =	[16]
Wurzelziehen	√	$\sqrt{9}$	9 √ oder √ 9 =	[3]
beliebige Potenzen	x^y	4^3	4 x^y 3 =	[64]
beliebige Wurzeln	$\sqrt[x]{\ }$	$\sqrt[3]{27}$	3 $\sqrt[x]{\ }$ 27 = oder 27 x^y 3 1/x = oder 27 x^y 3 x^{-1} =	[3]
Logarithmieren (S. 17)	ln	ln 421	421 ln oder ln 421 =	[6.042632834]
		$\log_3 5$	ln 5 ÷ ln 3 =	[1.464973521]
· Numerus suchen	10^x	log x = 2,1 x gesucht	2,1 SHIFT 10^x oder 2,1 2nd 10^x oder SHIFT 10^x 2,1	[125.8925412]
Winkelfunktionen (S. 34)				
· Maßangabe einstellen	MOD		MOD DEG bzw. RAD bzw. GRD	
	D-R-G		SHIFT D-R-G	
	DEG		Winkel im Gradmaß	
	RAD		Winkel im Bogenmaß	
	GRD		Winkel in Neugrad	
	DEG			
· Sinus eines Winkels	sin	sin 25,6°	sin 25,6 = oder 25,6 sin	[0.4320857488]
· Kosinus eines Winkels	cos	cos 43,8°	cos 43,8 = oder 43,8 cos	[0.7217602281]
· Bestimmen eines Winkels	$\sin^{-1}$	$\sin \alpha = 0{,}871$	SHIFT $\sin^{-1}$ 0,871 = oder 0,871 SHIFT $\sin^{-1}$	[60.6]
	RAD			
· Sinus eines Winkels	sin	$\sin(\frac{3}{4}\pi)$	sin 3 $a^b/_c$ 4 π = oder 3 ÷ 4 × π = sin	[0.707107]
· Kosinus eines Winkels	cos	$\cos(-\frac{1}{2}\pi)$	cos (–) 1 $a^b/_c$ 2 π = oder 1 ÷ 2 × π = +/– cos	[0]
· Bestimmen eines Winkels	$\sin^{-1}$	$\sin \alpha = 0{,}871$	SHIFT $\sin^{-1}$ 0,871 = oder 0,871 SHIFT $\sin^{-1}$	[1.0572]

Ma1

Einheiten

Vorsätze

Vorsatz	Bedeutung	Zeichen	Faktor, mit dem die Einheit multipliziert wird
Tera	Billion	T	1000000000000 = 10^{12}
Giga	Milliarde	G	1000000000 = 10^{9}
Mega	Million	M	1000000 = 10^{6}
Kilo	Tausend	k	1000 = 10^{3}
Hekto	Hundert	h	100 = 10^{2}
Deka	Zehn	da	10 = 10^{1}

Vorsatz	Bedeutung	Zeichen	Faktor, mit dem die Einheit multipliziert wird
Dezi	Zehntel	d	0,1 $= \frac{1}{10} = 10^{-1}$
Zenti	Hundertstel	c	0,01 $= \frac{1}{100} = 10^{-2}$
Milli	Tausendstel	m	0,001 $= \frac{1}{1000} = 10^{-3}$
Mikro	Millionstel	µ	0,000001 $= \frac{1}{1000000} = 10^{-6}$
Nano	Milliardstel	n	0,000000001 $= 10^{-9}$
Pico	Billionstel	p	0,000000000001 $= 10^{-12}$

Einheiten von Größen

Länge	1 km = 1000 m 1 m = 10 dm 1 dm = 10 cm 1 cm = 10 mm	1 m = 0,001 km 1 dm = 0,1 m 1 cm = 0,01 m 1 mm = 0,1 cm
Fläche	1 km^2 = 100 ha 1 ha = 100 a 1 a = 100 m^2 1 m^2 = 100 dm^2 1 dm^2 = 100 cm^2 1 cm^2 = 100 mm^2	1 a = 0,01 ha 1 m^2 = 0,01 a 1 dm^2 = 0,01 m^2 1 cm^2 = 0,0001 m^2 1 mm^2 = 0,01 cm^2 1 mm^2 = 0,000001 m^2
Rauminhalt / Volumen	1 m^3 = 1000 dm^3 1 dm^3 = 1000 cm^3 1 cm^3 = 1000 mm^3 1 Hektoliter = 100 Liter 1 Liter = 1000 Milliliter = 100 Zentiliter	1 dm^3 = 0,001 m^3 1 cm^3 = 0,001 dm^3 1 mm^3 = 0,001 cm^3 1 Liter = 1 dm^3 1 Milliliter = 1 cm^3
Masse	1 t = 10 dt 1 t = 1000 kg 1 dt = 100 kg 1 kg = 1000 g 1 g = 1000 mg	1 kg = 0,001 t 1 kg = 0,01 dt 1 g = 0,001 kg 1 mg = 0,001g
Zeit	1 Jahr = 12 Monate 1 Monat = 28 bis 31 Tage 1 Tag = 24 h 1 h = 60 min *Abkürzungen: a - Jahr ; d - Tag* 1 min = 60 s	1 d = 1440 min 1 d ≈ 0,00274 a 1 a ≈ 8766 h 1 min ≈ 0,0167 h 1 s ≈ 0,0167 min
Temperatur	0 °C = 273,15 K 0 °C = 32 °F 100 °C = 373,15 K 100 °C = 212 °F *Abkürzungen: Kelvin(K); Grad Celsius(° C); Grad Fahrenheit(° F); Temperaturdifferenzen werden häufig in Kelvin angegeben.*	0 K = −273,15 °C 100 K = −173,15 °C
Geschwindigkeit	$1\ \frac{km}{h} = \frac{1}{3{,}6}\ \frac{m}{s} = 0{,}2\bar{7}\ \frac{m}{s} \approx 0{,}28\ \frac{m}{s}$	$1\ \frac{m}{s} = 3{,}6\ \frac{km}{h}$

Nichtdezimale Einheiten

Land	Einheit	Kurzzeichen	Umrechnungen
Zählmaße			
Deutschland	Dutzend		1 Dutzend = 12 Stück
Deutschland	Schock		1 Schock = 5 Dutzend = 60 Stück
Deutschland	Gros		1 Gros = 12 Dutzend = 144 Stück
Deutschland	Mandel		1 Mandel = 15 Stück
Deutschland	Bauernmandel		1 Bauernmandel = 16 Stück
Längenmaße			
Deutschland	geographische Meile		1 g. M. = 7421,5 m $\widehat{=} \frac{1}{15}$ Äquatorgrad
Deutschland	Seemeile	sm	1 sm = 1852 m $\widehat{=} \frac{1}{60}$ Meridiangrad
Griechenland (Antike)	Plethron (Mz.: Plethra)		1 Plethron = 30,83 m
Griechenland (Antike)	Stadion		1 Stadion = 184,97 m = 6 Plethra
Großbritannien, USA	inch (Zoll)	in (auch ")	1 in = 1" = 25,4 mm
Großbritannien, USA	foot (Mz.: feet; Fuß)	ft (auch ')	1 ft = 1' = 30,48 cm = 12 inches
Großbritannien, USA	yard	yd	1 yd = 91,44 cm = 3 feet; 11 m ≈ 12 yds
Großbritannien, USA	statute mile	st mi	1 st mi = 1609,3 m; 1 km = 0,6215 st mi
Großbritannien	fathom (Tiefenmaß)		1 fathom = 1,829 m
Rom (Antike)	Passus (Doppelschritt)		1 Passus = 147,9 cm
Russland	Sashen		1 Sashen = 2,13 m
Russland	Werst		1 Werst = 1,067 km = 500 Sashen
Flächenmaße			
Deutschland (preuß.)	Morgen		1 Morgen = 0,255 ha
Deutschland (sächs.)	Morgen		1 Morgen = 0,2767 ha
Deutschland (sächs.)	Acker		1 Acker = 0,5534 ha = 2 Morgen
Großbritannien	acre		1 acre = 40,47 ha
Geschwindigkeitsmaße			
Deutschland, USA	Knoten	kn	1 kn = 1 $\frac{sm}{h}$ = 1852 $\frac{m}{h}$
Raummaße			
Deutschl., USA, GB	Registertonne	RT (reg tn)	1 RT = 2,8317 m^3 = 100 Kubikfuß
Großbritannien, USA	barrel (Petroleum)		1 barrel = 158,758 l
Großbritannien	Imperial gallon	gal	1 gal = 4,546 l
Großbritannien	bushel	bu	1 bu = 36,349 l = 8 gal
USA	Petrol gallon	gal	1 gal = 3,785 l
USA	bushel	bu	1 bu = 35,239 l
Massenmaße			
Deutschland	Pfund	Pfd.	1 Pfd. = 500 g
Deutschland	Zentner	Ztr.	1 Ztr. = 50 kg = 100 Pfd.
Griechenland (Antike)	Obolus		1 Obolus = 0,72 g
Griechenland (Antike)	Drachme		1 Drachme = 4,4 g = 6 Obolen
Großbritannien, USA	ounce (Unze)	oz	1 oz = 28,35 g
Großbritannien, USA	pound	lb (libra)	1 lb = 453,59 g = 16 oz
Großbritannien	stone		1 stone = 6,35 kg = 14 lbs
Großbritannien	quarter (Viertel)	qr	1 qr = 12,7 kg = 28 lbs = 2 stones
Großbritannien	centweight (Zentner)	cwt	1 cwt = 50,802 kg = 4 qrs = 112 lbs
Großbritannien	long ton (Tonne)	lton	1 lton = 1016,05 kg = 20 cwts = 2240 lbs
Juwelenhandel	Karat	k	1 k = 200 mg = 0,2 g
USA	quarter (Viertel)	qr	1 qr = 11,34 kg = 25 lbs
USA	centweight (Zentner)	cwt	1 cwt = 45,359 kg = 4 qrs = 100 lbs
USA	short ton (Tonne)	ston	1 ston = 907,185 kg = 20 cwts = 2000 lbs

Mengenlehre, Zahlenmengen

Mengenbeziehungen und Mengenverknüpfungen

Mengengleichheit	Zwei Mengen A und B sind gleich, wenn sie aus denselben Elementen bestehen (A = B).	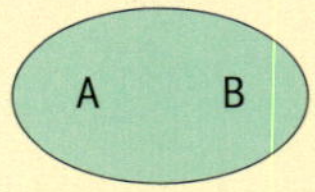	$A = A$ Aus $A = B$ folgt $B = A$. Aus $A = B$ und $B = C$ folgt $A = C$.
Teilmenge	Eine Menge A ist Teilmenge einer Menge B, wenn jedes Element von A auch Element von B ist $(A \subseteq B)$. Gibt es in B mindestens ein Element, welches nicht zu A gehört, so ist A sogar echte Teilmenge von B $(A \subset B)$.	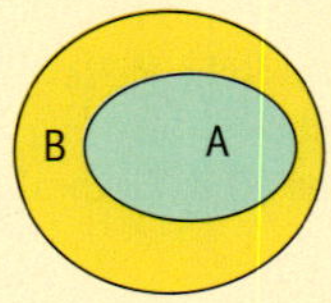	$A \subseteq A$; $\emptyset \subseteq A$ Aus $A \subseteq B$ und $B \subseteq A$ folgt $A = B$. Aus $A \subseteq B$ und $B \subseteq C$ folgt $A \subseteq C$.
Vereinigungsmenge	Die Vereinigungsmenge $A \cup B$ ist die Menge aller Elemente, die in A **oder** in B **oder** in beiden Mengen enthalten sind.	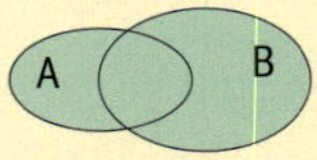	$A \cup A = A$; $A \cup \emptyset = A$ $A \cup B = B \cup A$ $(A \cup B) \cup C = A \cup (B \cup C)$
Schnittmenge	Die Schnittmenge (Durchschnittsmenge) $A \cap B$ ist die Menge aller Elemente, die zu A **und** gleichzeitig zu B gehören.	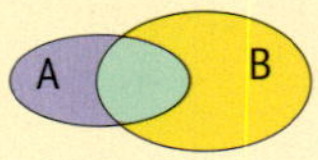	$A \cap A = A$; $A \cap \emptyset = \emptyset$ $A \cap B = B \cap A$ $(A \cap B) \cap C = A \cap (B \cap C)$

Zahlenmengen

Zahlenmenge	Beschreibung	uneingeschränkt ausführbare Rechenoperationen
natürliche Zahlen	$\mathbb{N} = \{0; 1; 2; 3; \ldots\}$ $\mathbb{N}^* = \mathbb{N} \setminus \{0\} = \{1; 2; 3; \ldots\}$	Addition, Multiplikation
ganze Zahlen	$\mathbb{Z} = \{\ldots; -3; -2; -1; 0; 1; 2; 3; \ldots\}$	Addition, Multiplikation, Subtraktion
gebrochene Zahlen	$\mathbb{Q}_+ = \{\frac{p}{q}$ mit $p, q \in \mathbb{N}$ und $q \neq 0\}$ Alle Brüche, die dem gleichen Punkt des Zahlenstrahls zugeordnet sind, bezeichnen ein und dieselbe gebrochene Zahl. Gebrochene Zahlen können als Brüche $(\frac{p}{q})$ oder als (endliche oder periodische) Dezimalbrüche dargestellt werden.	Addition, Multiplikation, Division (ausgenommen durch 0)
rationale Zahlen	$\mathbb{Q} = \{\frac{p}{q}$ mit $p, q \in \mathbb{Z}$ und $q \neq 0\}$ Gesamtheit der gebrochenen Zahlen und der zu diesen entgegengesetzten Zahlen	Addition, Multiplikation, Subtraktion, Division (ausgenommen durch 0)
reelle Zahlen	$\mathbb{R} = \mathbb{Q} \cup \mathrm{I}$ I irrationale Zahlen (unendliche nichtperiodische Dezimalbrüche)	Addition, Multiplikation, Subtraktion, Division (ausgenommen durch 0), Wurzelziehen
Beziehungen zwischen den Zahlenmengen	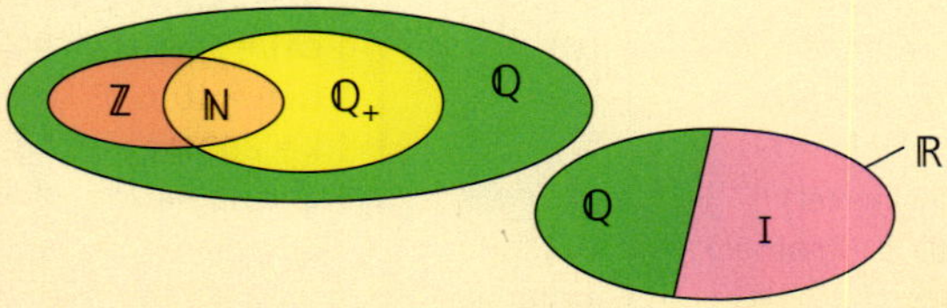	$\mathbb{N} \subset \mathbb{Z} \subset \mathbb{Q} \subset \mathbb{R}$ $\mathbb{N} \subset \mathbb{Q}_+ \subset \mathbb{Q} \subset \mathbb{R}$

Intervalle (spezielle Teilmengen von $\mathbb{R}$)

abgeschlossenes Intervall von a bis b	$[a; b]$ ist die Menge aller $x \in \mathbb{R}$ mit $a \leq x \leq b$. Die Randwerte a und b gehören zum Intervall.	
offenes Intervall von a bis b	$]a; b[$ ist die Menge aller $x \in \mathbb{R}$ mit $a < x < b$. Die Randwerte a und b gehören nicht zum Intervall.	
rechtsoffenes Intervall von a bis b	$[a; b[$ ist die Menge aller $x \in \mathbb{R}$ mit $a \leq x < b$. Der Randwert a gehört zum Intervall, b nicht.	
linksoffenes Intervall von a bis b	$]a; b]$ ist die Menge aller $x \in \mathbb{R}$ mit $a < x \leq b$. Der Randwert b gehört zum Intervall, a nicht.	
linksoffenes Intervall von $-\infty$ bis a	$]-\infty; a]$ ist die Menge aller $x \in \mathbb{R}$ mit $x \leq a$. Der Randwert a gehört zum Intervall.	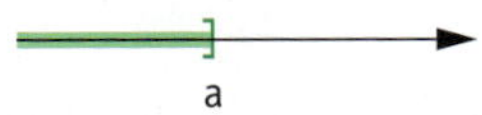
offenes Intervall von a bis $+\infty$	$]a; +\infty[$ ist die Menge alle $x \in \mathbb{R}$ mit $a < x$. Der Randwert a gehört nicht zum Intervall.	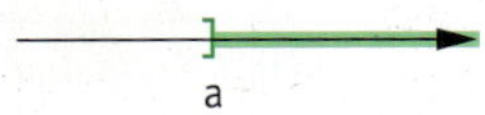

Rechnen in verschiedenen Zahlenmengen

Rechenoperationen

Stufe/Operation	Verknüpfung	a	b	c
1/Addition	$a + b = c$	Summand	Summand	Summe
1/Subtraktion	$a - b = c$	Minuend	Subtrahend	Differenz
2/Multiplikation	$a \cdot b = c$	Faktor	Faktor	Produkt
2/Division	$a : b = c; \quad b \neq 0$	Dividend	Divisor	Quotient
3/Quadrieren	$a^2 = c$	Basis	Exponent 2	Quadrat
3/Potenzieren (S. 16)	$a^b = c$	Basis	Exponent	Potenz
3/Radizieren (Wurzelziehen, S. 16)	$\sqrt[b]{a} = c; \quad a \geq 0; b \neq 1$	Radikand	Wurzelexponent	Wurzel
3/Logarithmieren (S. 17)	$\log_a b = c; \quad a > 0; a \neq 1$	Basis	Numerus	Logarithmus

Teiler und Vielfache natürlicher Zahlen

Teiler	Vielfache
a heißt Teiler von b, wenn es ein n ($n \in \mathbb{N}$) gibt, so dass $a \cdot n = b$ gilt. Man schreibt auch $a \mid b$.	b heißt Vielfaches von a, wenn a ein Teiler von b ist.
gT(a, b) heißt gemeinsamer Teiler von a und b, wenn gT(a, b) sowohl a als auch b teilt.	gV(a, b) heißt gemeinsames Vielfaches von a und b, wenn sowohl a als auch b Teiler von gV(a, b) ist.
Mit ggT(a, b) bezeichnet man den größten gemeinsamen Teiler von a und b.	Mit kgV(a, b) bezeichnet man das kleinste gemeinsame Vielfache von a und b.
Bestimmung des ggT(a, b) mittels Primfaktorenzerlegung: Man multipliziert die kleinsten Potenzen aller Primfaktoren, die sowohl in der Zerlegung von a als auch in der Zerlegung von b vorkommen.	*Bestimmung des kgV(a, b) mittels Primfaktorenzerlegung:* Man multipliziert die höchsten Potenzen aller Primfaktoren, die in der Zerlegung von a oder in der Zerlegung von b vorkommen.

Teiler	Vielfache
Bestimmung des ggT(135, 105) mithilfe des euklidischen Algorithmus: 135 : 105 = 1, Rest 30 105 : 30 = 3, Rest 15 30 : 15 = 2, Rest 0 ggT(135, 105) = 15	*Bestimmung des kgV(a, b) mithilfe des euklidischen Algorithmus und der folgenden Beziehung:* $\text{kgV}(a, b) = \frac{a \cdot b}{\text{ggT}(a, b)}$ (Primfaktorentabelle S. 45, 46)

Teilbarkeitsregeln und Teilbarkeitseigenschaften

Teiler	Regel ($n \in \mathbb{N}^*$)
n	Null ist durch jede Zahl n teilbar, jedoch nicht durch sich selbst.
n	Jede Zahl n ist durch sich selbst teilbar.
1	Jede Zahl n (auch 0) ist durch 1 teilbar.
2	Eine Zahl ist durch 2 teilbar, wenn die letzte Ziffer durch 2 teilbar, d. h. 0, 2, 4, 6 oder 8 ist.
3	Eine Zahl ist durch 3 teilbar, wenn ihre Quersumme (Summe ihrer Ziffern) durch 3 teilbar ist.
4	Eine Zahl ist durch 4 teilbar, wenn ihre letzten beiden Ziffern eine durch 4 teilbare Zahl bilden.
5	Eine Zahl ist durch 5 teilbar, wenn die letzte Ziffer durch 5 teilbar, d. h. 0 oder 5 ist.
6	Eine Zahl ist durch 6 teilbar, wenn sie durch 2 und durch 3 teilbar ist.
8	Eine Zahl ist durch 8 teilbar, wenn ihre letzten drei Ziffern eine durch 8 teilbare Zahl bilden.
9	Eine Zahl ist durch 9 teilbar, wenn ihre Quersumme (Summe ihrer Ziffern) durch 9 teilbar ist.
10	Eine Zahl ist durch 10 teilbar, wenn ihre letzte Ziffer eine 0 ist.
25	Eine Zahl ist durch 25 teilbar, wenn ihre letzen beiden Ziffern 00, 25, 50 oder 75 sind.

Aus $a \mid b$ folgt $a \mid (b \cdot c)$.
Aus $a \mid b$ und $a \mid c$ folgt $a \mid (b + c)$.
Aus $a \mid b$ folgt $(a \cdot c) \mid (b \cdot c)$.
Aus $a \mid b$ und $b \mid c$ folgt $a \mid c$.
Aus $a \mid b$ und $c \mid d$ folgt $(a \cdot c) \mid (b \cdot d)$.
Aus $a \mid b$ und $a \mid c$ folgt $a \mid (b - c)$.
Aus $a \mid c$ und $b \mid c$ und $\text{ggT}(a,b) = 1$ folgt $(a \cdot b) \mid c$.

Bruchrechnung

Bruch	$\frac{a}{b}$ heißt Bruch, $a \in \mathbb{N}$ heißt Zähler, $b \in \mathbb{N}$ $(b \neq 0)$ heißt Nenner des Bruches.	
Kehrwert	$\frac{b}{a}$ heißt Kehrwert (Reziprokes) von $\frac{a}{b}$. Es gilt $\frac{a}{b} \cdot \frac{b}{a} = 1$. $(a, b \neq 0)$	
Erweitern	$\frac{a}{b} = \frac{a \cdot c}{b \cdot c}$ $(c \neq 0)$	Zähler und Nenner sind mit der gleichen Zahl zu multiplizieren.
Kürzen	$\frac{a}{b} = \frac{a : c}{b : c}$ $(c \neq 0$ und $c \mid a$ und $c \mid b)$	Zähler und Nenner sind durch die gleiche Zahl zu dividieren.

Ma2

Addition und Subtraktion gleichnamiger Brüche	Zwei Brüche heißen gleichnamig, wenn sie denselben Nenner haben. $\frac{a}{b} + \frac{c}{b} = \frac{a+c}{b}$ $\quad$ $\frac{a}{b} - \frac{c}{b} = \frac{a-c}{b}$ (Zähler werden addiert (subtrahiert) und der Nenner wird beibehalten.)	
Addition und Subtraktion ungleichnamiger Brüche	$\frac{a}{b} + \frac{c}{d} = \frac{a \cdot d + c \cdot b}{b \cdot d}$	$\frac{a}{b} - \frac{c}{d} = \frac{a \cdot d - c \cdot b}{b \cdot d}$
	oder (1) gV(b, d) bzw. kgV(b, d) bestimmen (Hauptnenner) (2) beide Brüche auf den Hauptnenner erweitern (3) wie bei gleichnamigen Brüchen verfahren	
Multiplikation und Division	$\frac{a}{b} \cdot \frac{c}{d} = \frac{a \cdot c}{b \cdot d}$ $\quad$ $\frac{a}{b} \cdot c = \frac{a}{b} \cdot \frac{c}{1} = \frac{a \cdot c}{b}$ (Zähler mit Zähler und Nenner mit Nenner multiplizieren)	$\frac{a}{b} : \frac{c}{d} = \frac{a}{b} \cdot \frac{d}{c} = \frac{a \cdot d}{b \cdot c}$ $\quad$ $\frac{a}{b} : c = \frac{a}{b} \cdot \frac{1}{c} = \frac{a}{b \cdot c}$ (den Dividenden mit dem Kehrwert des Divisors multiplizieren)

Rechnen mit positiven und negativen Zahlen (Vorzeichenregeln)

Betrag einer Zahl	Der Betrag $\lvert a \rvert$ einer Zahl entspricht dem Abstand dieser Zahl von 0 auf der Zahlengeraden.	$\lvert a \rvert = \begin{cases} a, \text{ wenn } a \geq 0 \\ -a, \text{ wenn } a < 0 \end{cases}$
	$\lvert a \rvert = \lvert -a \rvert$; $\lvert a \rvert \geq 0$ $\lvert a \rvert - \lvert b \rvert \leq \lvert a - b \rvert \leq \lvert a \rvert + \lvert b \rvert$	$\lvert a \cdot b \rvert = \lvert a \rvert \cdot \lvert b \rvert$ $\lvert a : b \rvert = \lvert a \rvert : \lvert b \rvert$
entgegengesetzte Zahlen	Zwei Zahlen, die sich nur durch ihr Vorzeichen unterscheiden (also den gleichen Betrag haben), heißen zueinander entgegengesetzt. Die Zahl 0 ist zu sich selbst entgegengesetzt. Die entgegengesetzte Zahl (Gegenzahl, Kehrzahl) von a ist −a.	
Addition *	Zwei Zahlen mit **gleichen Vorzeichen** werden addiert, indem man ihre Beträge addiert. Die Summe erhält das gemeinsame Vorzeichen. $(+a) + (+b) = +(a + b)$ $(-a) + (-b) = -(a + b)$	Zwei Zahlen mit **verschiedenen Vorzeichen** werden addiert, indem man die Differenz der Beträge berechnet. Das Ergebnis erhält das Vorzeichen der Zahl mit dem größeren Betrag. $(+a) + (-b) = -(b - a)$ $(-a) + (+b) = +(b - a)$
Subtraktion *	Eine Zahl b wird von einer Zahl a subtrahiert, indem man zu a die **entgegengesetzte** Zahl von b addiert. $(+a) - (+b) = (+a) + (-b) = -(b - a)$ $(-a) - (-b) = (-a) + (+b) = +(b - a)$	$(+a) - (-b) = (+a) + (+b) = +(a + b)$ $(-a) - (+b) = (-a) + (-b) = -(a + b)$
Multiplikation *	Zwei Zahlen mit **gleichen Vorzeichen** werden multipliziert, indem man ihre Beträge multipliziert. Das Produkt erhält das positive Vorzeichen. $(+a) \cdot (+b) = +(a \cdot b)$ $(-a) \cdot (-b) = +(a \cdot b)$	Zwei Zahlen mit **verschiedenen Vorzeichen** werden multipliziert, indem man ihre Beträge multipliziert. Das Produkt erhält das negative Vorzeichen. $(+a) \cdot (-b) = -(a \cdot b)$ $(-a) \cdot (+b) = -(a \cdot b)$
Division *	Durch eine Zahl wird dividiert, indem man mit dem **Kehrwert** dieser Zahl multipliziert. $(+a) : (+b) = (+a) \cdot (+\frac{1}{b}) = +\frac{a}{b}$ $(-a) : (-b) = (-a) \cdot (-\frac{1}{b}) = +\frac{a}{b}$	$(+a) : (-b) = (+a) \cdot (-\frac{1}{b}) = -\frac{a}{b}$ $(-a) : (+b) = (-a) \cdot (+\frac{1}{b}) = -\frac{a}{b}$

* Bei der formelmäßigen Darstellung der Rechenregeln stehen die Variablen a und b für die Beträge rationaler Zahlen. Insbesondere soll gelten: $b \geq a \geq 0$.

Termumformungen

Rechengesetze	$a + b = b + a$	Kommutativgesetz (Vertauschungsgesetz) der Addition
	$a \cdot b = b \cdot a$	Kommutativgesetz (Vertauschungsgesetz) der Multiplikation
	$(a + b) + c = a + (b + c)$	Assoziativgesetz (Verbindungsgesetz) der Addition
	$(a \cdot b) \cdot c = a \cdot (b \cdot c)$	Assoziativgesetz (Verbindungsgesetz) der Multiplikation
	$a \cdot (b + c) = a \cdot b + a \cdot c$	Distributivgesetz (Verteilungsgesetz)
Binomische Formeln	**1.** $(a + b)^2 = a^2 + 2ab + b^2$	$(a + b)^3 = a^3 + 3a^2b + 3ab^2 + b^3$ (S. 37)
	2. $(a - b)^2 = a^2 - 2ab + b^2$	$(a - b)^3 = a^3 - 3a^2b + 3ab^2 - b^3$
	3. $(a + b)(a - b) = a^2 - b^2$	$(a - b)(a^2 + ab + b^2) = a^3 - b^3$
Rechnen mit Klammern	$+(a + b - c) = a + b - c$	„Plus"-Klammer auflösen
	$-(a + b - c) = +(-a - b + c) = -a - b + c$	„Minus"-Klammer auflösen
	$a(b + c - d) = ab + ac - ad$	→ Ausmultiplizieren
	$ab + ac - ad = a(b + c - d)$	→ Ausklammern
	$(a + b) \cdot (c + d) = a \cdot c + a \cdot d + b \cdot c + b \cdot d$	Multiplikation von Summen
Vorrangregeln	1. Was in Klammern steht, wird zuerst gerechnet. 2. Potenz- und Wurzelberechnung geht vor „Punktrechnung" und diese vor „Strichrechnung". (vgl. auch **Rechenoperationen**, S. 13, **Taschenrechner**, S. 9)	

Potenzen

Definition	$a^n = \underbrace{a \cdot a \cdot a \cdot a \cdot \ldots \cdot a}_{\text{n-mal Faktor a}}$	$a \in \mathbb{R}\setminus\{0\}$ $n \in \mathbb{N}$ a^n Potenz a Basis n Exponent
	$a^2 = a \cdot a$ heißt Quadrat	$a^0 = 1$ $a^1 = a$ $a^{-n} = \frac{1}{a^n}$
	$a^{\frac{p}{q}} = (a^p)^{\frac{1}{q}} = \sqrt[q]{a^p}$	$a \in \mathbb{R}$ $a > 0$ $p \in \mathbb{Z}$ $q \in \mathbb{N}^*$
Potenzgesetze	Die Gesetze gelten für alle $m, n \in \mathbb{R}$ bei positiven reellen Basen. Für $m, n \in \mathbb{Z}$ gelten sie bei Basen aus $\mathbb{R}\setminus\{0\}$. **gleiche Basis** **1.** $a^m \cdot a^n = a^{m+n}$ **2.** $a^m : a^n = a^{m-n}$ **gleicher Exponent** **3.** $a^n \cdot b^n = (a \cdot b)^n$ **4.** $a^n : b^n = (a : b)^n$	**Potenzieren** **5.** $(a^m)^n = a^{m \cdot n}$

Wurzeln

Definition	$a = c^n$ ist gleichbedeutend mit $c = \sqrt[n]{a}$ (gelesen: n-te Wurzel aus a). $\sqrt[2]{a} = \sqrt{a}$ heißt Quadratwurzel $\sqrt[3]{a}$ heißt Kubikwurzel	$a \in \mathbb{R}$ $a \geq 0$ $n \in \mathbb{N}^*\setminus\{1\}$ $c \geq 0$ c n-te Wurzel a Radikand n Wurzelexponent
Wurzelgesetze	**1.** $\sqrt[n]{a} \cdot \sqrt[n]{b} = \sqrt[n]{a \cdot b}$ **2.** $\frac{\sqrt[n]{a}}{\sqrt[n]{b}} = \sqrt[n]{\frac{a}{b}}$ (für $b > 0$)	**3.** $\sqrt[n]{\sqrt[m]{a}} = \sqrt[m]{\sqrt[n]{a}} = \sqrt[m \cdot n]{a}$ **4.** $(\sqrt[n]{a})^m = \sqrt[n]{a^m}$

Logarithmen

Definition	$b = a^c$ ist gleichbedeutend mit $c = \log_a b$ (gelesen: Logarithmus b zur Basis a). *„Durch Logarithmieren bestimmt man die Größe des Exponenten."*	$a \in \mathbb{R}\setminus\{1\}$ $a > 0$ $b \in \mathbb{R}$ $b > 0$ c Logarithmus a Basis b Numerus $a^{\log_a b} = b$ $\log_a a = 1$ $\log_a 1 = 0$
spezielle Basen	Zehnerlogarithmus (S. 37) (dekadischer Logarithmus): $\log_{10} x = \lg x$	natürlicher Logarithmus: $\log_e x = \ln x$ $e = 2{,}71828\ldots$ (eulersche Zahl)
Logarithmengesetze	**1.** $\log_a(u \cdot v) = \log_a u + \log_a v$ **2.** $\log_a(u : v) = \log_a u - \log_a v$	**3.** $\log_a u^r = r \cdot \log_a u$ **4.** $\log_a \sqrt[n]{u} = \frac{1}{n} \log_a u$
Basiswechsel	$\log_c b = \frac{\log_a b}{\log_a c} = \frac{\ln b}{\ln c} = \frac{\lg b}{\lg c}$	(S. 9)

Proportionen

	direkte Proportionalität	indirekte (umgekehrte) Proportionalität
Sachverhalt	Größe X | a | c (→) Größe Y | b | d (→)	Größe X | a | c (→) Größe Y | b | d (←)
Verhältnisgleichung	$\frac{a}{c} = \frac{b}{d}$ Daraus folgt $a \cdot d = b \cdot c$.	$\frac{a}{c} = \frac{d}{b}$ Daraus folgt $a \cdot b = c \cdot d$.
Proportionalitätsfaktor k	$b = k \cdot a$ $d = k \cdot c$ (S. 29, 31) Daraus folgt $k = \frac{b}{a} = \frac{d}{c}$ (quotientengleich).	$b = k \cdot \frac{1}{a}$ $d = k \cdot \frac{1}{c}$ (S. 29, 33) Daraus folgt $k = a \cdot b = c \cdot d$ (produktgleich).

Mittelwerte

	Proportion und Formel	allgemeine Formel	Zusammenhänge
arithmetisches Mittel (S. 42)	$\frac{a - \bar{x}}{\bar{x} - b} = 1$ Daraus folgt: $\bar{x} = \frac{a + b}{2}$	$\bar{x} = \frac{a_1 + a_2 + \ldots + a_n}{n}$	$(a_i)_{Max} \geq \bar{x} \geq g \geq h \geq (a_i)_{Min}$ für $a_i \geq 0$ nach CAUCHY
geometrisches Mittel (mittlere Proportionale)	$\frac{a}{g} = \frac{g}{b}$ Daraus folgt: $g = \sqrt{ab}$; $a, b > 0$	$g = \sqrt[n]{a_1 \cdot a_2 \cdot \ldots \cdot a_n}$ $a_i \geq 0$	$g = \sqrt{h \cdot \bar{x}}$ für 2 Werte a, b
harmonisches Mittel	$\frac{a - h}{h - b} = \frac{a}{b}$ Daraus folgt: $h = \frac{2ab}{a + b}$	$h = \frac{n}{\frac{1}{a_1} + \frac{1}{a_2} + \ldots + \frac{1}{a_n}}$	
goldener Schnitt	$\frac{a}{x} = \frac{x}{a - x}$ Daraus folgt: $x \approx 0{,}6180 \cdot a$	 Strecke, die im goldenen Schnitt geteilt wurde	

Dreisatz

Verfahren	direkte Proportionalität	indirekte Proportionalität
	Wie viel bezahlt man für 750 g Tee, wenn 400 g 12,00 € kosten?	5 Kühe kommen mit einer bestimmten Futtermenge 16 Tage aus. Wie viel Tage reicht das Futter für 8 Kühe?
(1) Schluss vom Wert der bekannten Mehrheit	400 g ≙ 12,00 €	5 Kühe ≙ 16 Tage
(2) auf den Wert für eine Mengeneinheit	: 400 ↓ 1 g ≙ 0,03 € ↓ : 400	: 5 ↓ 1 Kuh ≙ 80 Tage ↓ · 5
(3) von dieser Einheit auf die gesuchte Mehrheit	· 750 ↓ 750 g ≙ 22,50 € ↓ · 750	· 8 ↓ 8 Kühe ≙ 10 Tage ↓ : 8

Kettensatz

Verfahren, welches z. B. bei Preisberechnungen mit ausländischen Währungen und Maßen zur Anwendung gelangt (Aufeinanderfolge von Dreisätzen bei direkter Proportionalität)	Wie viel € kosten 50 m Stoff aus den USA, wenn dieser dort zu 8,90 $ das Yard gehandelt wird? (11 m ≈ 12 yds, Kurs 1,0253)
(1) Entwickeln der Kette: – Die Kette beginnt mit der Frage nach der gesuchten Größe. – Der linke Term jeder folgenden Gleichung hat die gleiche Einheit wie der rechte Term der vorhergehenden Gleichung. – Die Kette ist geschlossen, wenn erste und letzte Einheit übereinstimmen.	x € ≙ 50 m 11 m ≙ 12 yds 1 yd ≙ 8,90 $ 1,0235 $ ≙ 1 €
(2) Ausrechnen der Kette: – Produkt der Zahlen der rechten Terme in den Zähler eines Bruches, Produkt der Zahlen der linken Terme in den Nenner schreiben und Bruch berechnen.	$x = \frac{50 \cdot 12 \cdot 8{,}90}{11 \cdot 1{,}0253}$ € = 473,48 €

Prozentrechnung

G: Grundwert W: Prozentwert p %: Prozentsatz p: Prozentzahl

Prozentsatz: $p\,\% = \frac{p}{100}$ Promillesatz: $p\,‰ = \frac{p}{1000}$ 1 % = 10 ‰

Grundgleichung der Prozentrechnung	$\frac{p}{100} = \frac{W}{G}$ Daraus folgt: $W = \frac{p \cdot G}{100}$ $p = \frac{W \cdot 100}{G}$ $G = \frac{W \cdot 100}{p}$

Einige „bequeme" Prozentsätze

Prozentsatz	1 %	2 %	$2\frac{1}{2}$ %	$3\frac{1}{3}$ %	4 %	5 %	$6\frac{1}{4}$ %	$6\frac{2}{3}$ %	10%	$12\frac{1}{2}$ %
Anteil am Grundwert	$\frac{1}{100}$	$\frac{1}{50}$	$\frac{1}{40}$	$\frac{1}{30}$	$\frac{1}{25}$	$\frac{1}{20}$	$\frac{1}{16}$	$\frac{1}{15}$	$\frac{1}{10}$	$\frac{1}{8}$
Prozentsatz	20 %	25 %	30 %	$33\frac{1}{3}$ %	40 %	50 %	60 %	$66\frac{2}{3}$ %	75 %	80 %
Anteil am Grundwert	$\frac{1}{5}$	$\frac{1}{4}$	$\frac{3}{10}$	$\frac{1}{3}$	$\frac{2}{5}$	$\frac{1}{2}$	$\frac{3}{5}$	$\frac{2}{3}$	$\frac{3}{4}$	$\frac{4}{5}$

Zinsrechnung

K:	Kapital	Z:	Zinsen	R:	Rate, Rente
p %:	Zinssatz des Kapitals	p.a.:	per annum (pro Jahr)	S:	Schuld, Darlehen
#:	Zinszahl ($\# = \frac{1}{100} \cdot K \cdot t$)	q:	Zinsfaktor ($q = \frac{100 + p}{100} = 1 + \frac{p}{100}$)	D:	Zinsdivisor ($D = \frac{360}{p}$)
t:	Anzahl der Tage	m:	Anzahl der Monate	n:	Anzahl der Jahre

1 Jahr ≙ 360 Tage, 1 Monat ≙ 30 Tage (im deutschen Bankwesen)

Jahreszinsen	Monatszinsen	Tageszinsen (Diskont)
$Z = \frac{K \cdot p}{100}$ $Z_n = \frac{K \cdot p \cdot n}{100}$	$Z_m = \frac{K \cdot p \cdot m}{100 \cdot 12}$	$Z_t = \frac{K \cdot p \cdot t}{100 \cdot 360} = \frac{\#}{D}$

Rendite (effektive Jahresverzinsung)	**Zinseszinsen** (Endwert K_n des Anfangskapitals K_0 nach n Jahren)
$p = \frac{Z \cdot 100}{K}$	$K_n = K_0 \cdot q^n = K_0 \cdot \left(\frac{100 + p}{100}\right)^n$ $n = \frac{\lg K_n - \lg K_0}{\lg q}$

Einige Zinsdivisoren (sinnvoll zur Berechnung von Tageszinsen und des Diskonts beim Diskontieren)

Zinssatz	2 %	$2\frac{1}{2}$ %	$2\frac{2}{3}$ %	3 %	$3\frac{1}{3}$ %	$3\frac{3}{4}$ %	4 %	$4\frac{1}{2}$ %	5 %	6 %	$6\frac{2}{3}$ %	$7\frac{1}{2}$ %	8 %	9 %	10 %
Zinsdivisor	180	144	135	120	108	96	90	80	72	60	54	48	45	40	36

Rentenformeln, Schuldentilgungsformeln $q = \frac{100 + p}{100}$

Zahlungsendwert (nachschüssig)	Wird am Jahresende regelmäßig ein Betrag R eingezahlt und mit p % p.a. verzinst, so beträgt das Kapital nach n Jahren:	$K_n = \frac{R(q^n - 1)}{q - 1}$
Zahlungsendwert (vorschüssig)	Wird am Jahresanfang regelmäßig ein Betrag R eingezahlt und mit p % p.a. verzinst, so beträgt das Kapital nach n Jahren:	$K_n = \frac{Rq(q^n - 1)}{q - 1}$
Vermehrung (Verminderung) eines Kapitals durch Raten (nachschüssig)	Wird ein vorhandener Betrag K_0 durch die Zahlung eines festen Betrages R jeweils am Jahresende vermehrt (durch Abhebung von R vermindert), so beträgt bei p % p.a. Zinsen das Kapital nach n Jahren:	$K_n = K_0 \cdot q^n \overset{+}{(-)} \frac{R(q^n - 1)}{q - 1}$
Vermehrung (Verminderung) eines Kapitals durch Raten (vorschüssig)	Wird ein vorhandener Betrag K_0 durch die Zahlung eines festen Betrages R jeweils am Jahresanfang vermehrt (durch Abhebung von R vermindert), so beträgt bei p % p.a. Zinsen das Kapital nach n Jahren:	$K_n = K_0 \cdot q^n \overset{+}{(-)} \frac{Rq(q^n - 1)}{q - 1}$
Tilgungsrate einer Schuld	Soll eine Schuld S in n Jahren bei einem Zinssatz p % p.a. durch regelmäßige Ratenzahlungen jeweils am Jahresende getilgt werden, so beträgt die Rate R:	$R = \frac{Sq^n(q - 1)}{q^n - 1}$

Währungsrechnen

Größen: **AW** … Auslandswährung; **Euro** … Euro-Betrag

Kurs: Umrechnungsverhältnis zwischen Devisen (bezogen auf 100 €)
Ausnahmen: $ ..... Dollar (bezogen auf 1);
£ ..... Pfund Sterling (bezogen auf 1)

$\frac{AW}{Euro} = \frac{Kurs}{100}$ $\frac{AW(\$,£)}{Euro} = Kurs$

Mischungsrechnen

Berechnen des Mischungsverhältnisses von zwei Sorten bei vorgegebenen Preisen

Mischungskreuz-Regel: Die zu mischenden Sorten sind im umgekehrten Verhältnis ihrer Preisdifferenzen zur Mischungssorte zu mischen.

In welchem Verhältnis müssen zwei Sorten (z. B. Tee; Sorte 1 kostet P_1 €/kg, Sorte 2 kostet P_2 €/kg) gemischt werden, damit die Mischsorte P_G €/kg kostet?

		Unterschied zu P_G berechnen und eventuell kürzen	Anteil	Es gilt also:
P: Preis				
M: Menge, Anteil				
Sorte 1:	P_1 (€/kg)	$\lvert P_G - P_1 \rvert$	M_1	
Mischung:	P_G (€/kg)	$\frac{\lvert P_G - P_1 \rvert}{\lvert P_G - P_2 \rvert}$	$\frac{M_1}{M_2}$	$\left\lvert \frac{P_G - P_2}{P_G - P_1} \right\rvert = \frac{M_1}{M_2}$
Sorte 2:	P_2 (€/kg)	$\lvert P_G - P_2 \rvert$	M_2	

(Pfeile: $\lvert P_G - P_1 \rvert \rightarrow M_2$, $\lvert P_G - P_2 \rvert \rightarrow M_1$)

Probe: $M_1 \cdot P_1 + M_2 \cdot P_2 = (M_1 + M_2) \cdot P_G$ (S. 100)

Gleichungslehre

Äquivalenzumformungen von Gleichungen und Ungleichungen

Zwei Gleichungen (Ungleichungen) nennt man bezüglich eines Zahlenbereiches zueinander äquivalent, wenn sie in diesem Zahlenbereich die gleiche Lösungsmenge besitzen. Es seien T_1 und T_2 Terme, die auf der linken bzw. rechten Seite einer Gleichung (Ungleichung) stehen. Dann gilt:

Art der Umformung	$T_1 = T_2$	$T_1 < T_2$	**Bemerkungen**
Addition oder Subtraktion gleicher Terme T auf beiden Seiten der Gleichung (Ungleichung)	$T_1 \pm T = T_2 \pm T$	$T_1 \pm T < T_2 \pm T$	Das Relationszeichen bleibt gleich.
Multiplikation oder Division beider Seiten der Gleichung (Ungleichung) mit einem Term $T > 0$	$T_1 \cdot T = T_2 \cdot T$ $T_1 : T = T_2 : T$	$T_1 \cdot T < T_2 \cdot T$ $T_1 : T < T_2 : T$	Das Relationszeichen bleibt gleich.
Multiplikation oder Division beider Seiten der Gleichung (Ungleichung) mit einem Term $T < 0$	$T_1 \cdot T = T_2 \cdot T$ $T_1 : T = T_2 : T$	$T_1 \cdot T > T_2 \cdot T$ $T_1 : T > T_2 : T$	Die Relationszeichen „<“ und „>“ müssen vertauscht werden.

Lineare Gleichungen

Lösen der Gleichung	z. B. durch Anwenden der Umformungsregeln vereinfachen		
Normalform	$ax + b = 0$		$a, b \in \mathbb{R}$
Lösung x Lösungsmenge L	$x = -\frac{b}{a}$	$L = \{-\frac{b}{a}\}$	$a \neq 0$

Lineare Gleichungssysteme aus zwei Gleichungen mit zwei Variablen

Normalform	(I) $a_1x + b_1y = c_1$ (II) $a_2x + b_2y = c_2$	$a_1, b_1, c_1, a_2, b_2, c_2 \in \mathbb{R}$ $a_1, b_1, c_1, a_2, b_2, c_2$ konstant

Lösungsformeln	$x = \frac{c_1 b_2 - c_2 b_1}{a_1 b_2 - a_2 b_1}$ $y = \frac{a_1 c_2 - a_2 c_1}{a_1 b_2 - a_2 b_1}$ (Nenner $\neq 0$)
Lösungsverfahren	**Beschreibung**
Einsetzungsverfahren	(I) eine Gleichung nach x auflösen (II) den Term für x in die andere Gleichung einsetzen (III) Lösung für y in der Gleichung aus (II) ermitteln (IV) y in die Gleichung aus (I) einsetzen und x ermitteln
Gleichsetzungsverfahren	(I) (II) beide Gleichungen nach einer Variablen auflösen (z. B. nach x) (III) den Term für x aus (I) und aus (II) gleichsetzen und y ermitteln (IV) y in eine Ausgangsgleichung einsetzen und x ermitteln
Additionsverfahren	(I) beide Gleichungen addieren bzw. subtrahieren, um eine Gleichung mit nur einer Variablen (z. B. y) zu erhalten (II) diese Gleichung nach y auflösen (III) y in eine Ausgangsgleichung einsetzen und x ermitteln
grafisches Lösungsverfahren	Zeichnen der Graphen der zugehörigen linearen Funktionen zu den beiden linearen Gleichungen in einem Koordinatensystem

1. Fall

Geraden schneiden einander in S(x;y)

L = {(x;y)}

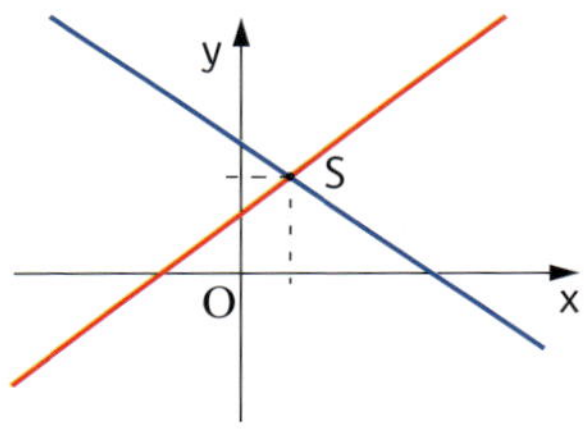

2. Fall

Geraden sind zueinander parallel

L = ∅

keine Lösung

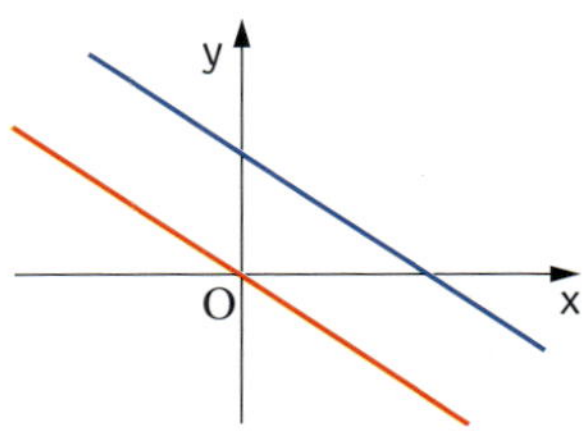

3. Fall

Geraden fallen zusammen

L = {(x;y): (x; mx + n)}

unendlich viele Lösungen

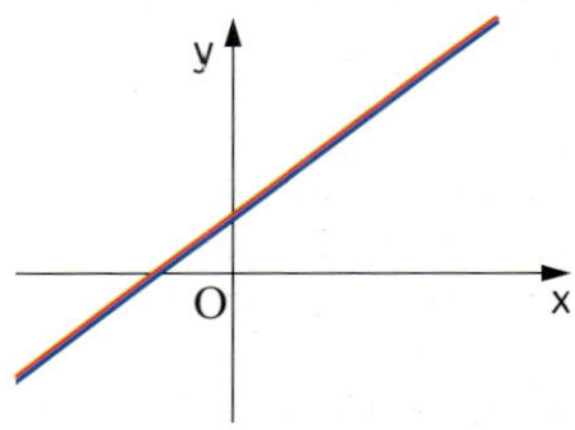

Quadratische Gleichungen

allgemeine Form	$ax^2 + bx + c = 0$	a, b, c ∈ ℝ; a, b, c konstant; $a \neq 0$	
Normalform	$x^2 + px + q = 0$	$p = \frac{b}{a}$; $q = \frac{c}{a}$	p, q ∈ ℝ
– Lösung	$x_{1,2} = -\frac{p}{2} \pm \sqrt{\left(\frac{p}{2}\right)^2 - q}$	D $= \frac{p^2}{4} - q = \left(\frac{p}{2}\right)^2 - q$	(Diskriminante)
	D = 0 (genau eine Lösung)	D > 0 (2 Lösungen)	D < 0 (keine Lösung)
– Satz von VIETA	$x_1 + x_2 = -p$	$x_1 \cdot x_2 = q$	
Sonderfälle	$p = 0$; $q = 0$	$x^2 = 0$	L = {0}
	$p \neq 0$; $q = 0$	$x^2 + px = 0$	L = {0; −p}
	$p = 0$; $q \neq 0$	$x^2 + q = 0$	wenn q > 0: keine Lösung in ℝ wenn q < 0: $L = \{-\sqrt{\lvert q \rvert}; \sqrt{\lvert q \rvert}\}$

Planimetrie

Strahlensätze

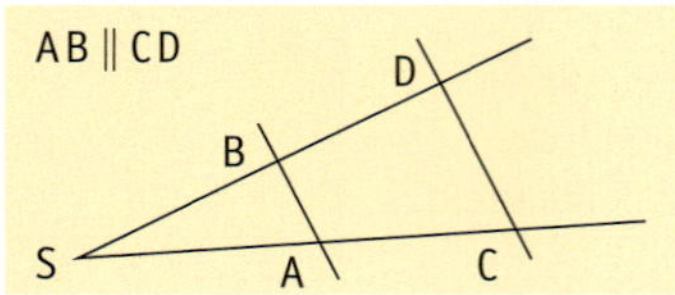

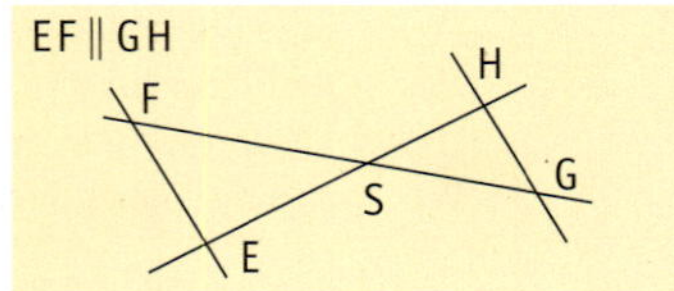

1. Strahlenabschnitte auf einem Strahl verhalten sich zueinander wie die gleichliegenden Strahlenabschnitte auf dem anderen Strahl.

$$\frac{\overline{SA}}{\overline{SC}} = \frac{\overline{SB}}{\overline{SD}} \qquad \frac{\overline{SE}}{\overline{EH}} = \frac{\overline{SF}}{\overline{FG}}$$

2. Parallelenabschnitte verhalten sich zueinander wie die zugehörigen Strahlenabschnitte auf dem gemeinsamen Strahl.

$$\frac{\overline{AB}}{\overline{CD}} = \frac{\overline{SB}}{\overline{SD}} \qquad \frac{\overline{EF}}{\overline{HG}} = \frac{\overline{SE}}{\overline{SH}}$$

Zentrische Streckung und Ähnlichkeit

Streckungszentrum (Z); Streckungsfaktor (k)

Wird das Dreieck ABC bei einer zentrischen Streckung (mit dem Streckungszentrum Z und dem Streckungsfaktor k) auf das Dreieck A'B'C' abgebildet, so sind beide Dreiecke ähnlich zueinander.
Das heißt:

- Winkelgrößen bleiben erhalten,
- Streckenverhältnisse sind konstant.

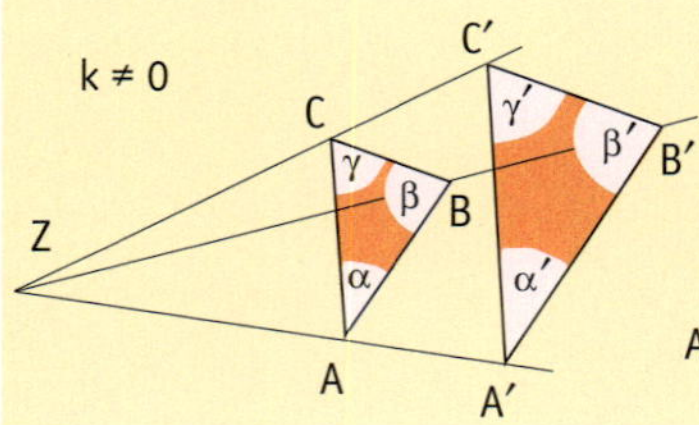

$$\alpha = \alpha'$$
$$\overline{ZA'} = k \cdot \overline{ZA}$$
$$\frac{\overline{AB}}{\overline{AC}} = \frac{\overline{A'B'}}{\overline{A'C'}}$$
$$A_{\Delta A'B'C'} = k^2 \cdot A_{\Delta ABC}$$

Kongruenzsätze für Dreiecke / Ähnlichkeitssätze für Dreiecke

Kongruenzsätze für Dreiecke			Ähnlichkeitssätze für Dreiecke
Dreiecke sind zueinander kongruent, wenn sie übereinstimmen:			Dreiecke sind zueinander ähnlich, wenn sie übereinstimmen:
sss	in den drei Seiten	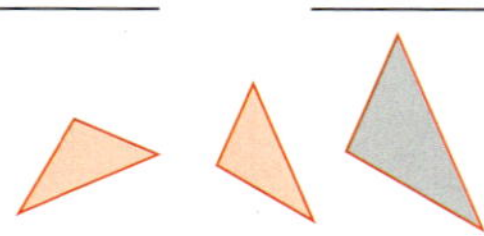	im Längenverhältnis aller entsprechenden Seiten
sws	in zwei Seiten und in dem von ihnen eingeschlossenen Winkel	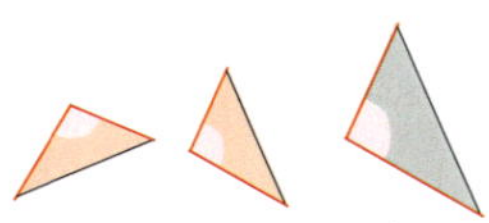	in den Längenverhältnissen zweier Seiten und in dem von ihnen jeweils eingeschlossenen Winkel
wsw	in einer Seite und in den beiden anliegenden Winkeln		in zwei Winkeln (Hauptähnlichkeitssatz)
SsW	in zwei Seiten und in dem der längeren Seite gegenüberliegenden Winkel		in den Längenverhältnissen zweier Seiten und in dem der jeweils längeren Seite gegenüberliegenden Winkel

Die Kongruenz ist ein Spezialfall der Ähnlichkeit. (k = 1)

Winkel

Nullwinkel	spitzer Winkel	rechter Winkel	stumpfer Winkel	gestreckter Winkel	überstumpfer Winkel	Vollwinkel
$\alpha = 0°$	$\alpha < 90°$	$\alpha = 90°$	$90° < \alpha < 180°$	$\alpha = 180°$	$180° < \alpha < 360°$	$\alpha = 360°$
	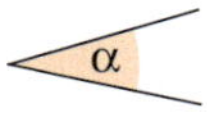	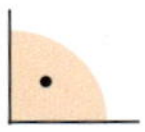	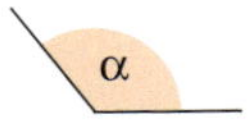	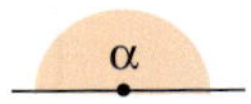	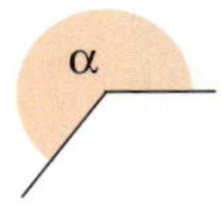	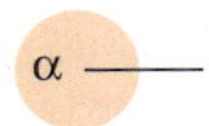

Nebenwinkel ergänzen einander zu 180°.	Scheitelwinkel sind gleich groß.	Stufenwinkel an geschnittenen Parallelen sind gleich groß.	Wechselwinkel an geschnittenen Parallelen sind gleich groß.
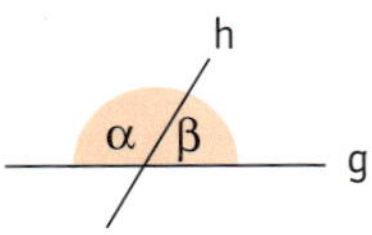	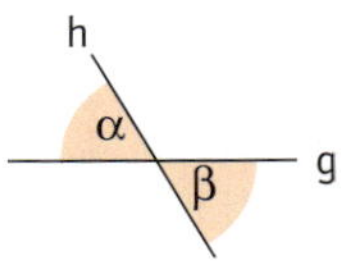	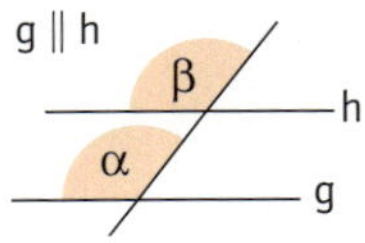	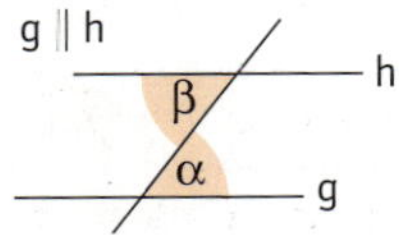
$\alpha + \beta = 180°$	$\alpha = \beta$	$\alpha = \beta$	$\alpha = \beta$

Winkel am Dreieck

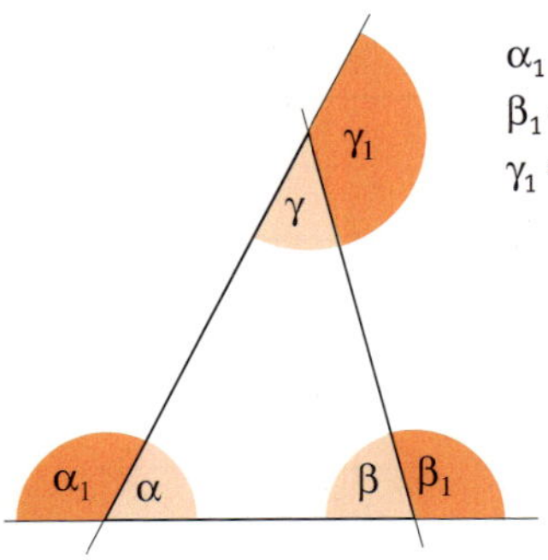

$\alpha_1 = \beta + \gamma$

$\beta_1 = \alpha + \gamma$

$\gamma_1 = \alpha + \beta$

Die Summe der Innenwinkel eines Dreiecks beträgt 180°.	$\alpha + \beta + \gamma = 180°$
Die Summe der Außenwinkel eines Dreiecks beträgt 360°.	$\alpha_1 + \beta_1 + \gamma_1 = 360°$

Winkel am Viereck

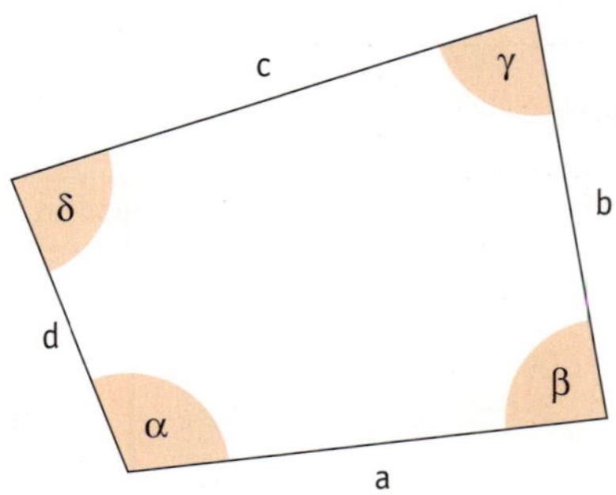

Die Summe der Innenwinkel eines Vierecks beträgt 360°. $\alpha + \beta + \gamma + \delta = 360°$

Ma3

Ma

Ma3

Dreiecke

Höhen

Alle Höhen schneiden einander in einem gemeinsamen **Höhenschnittpunkt H.** Ihre Längen verhalten sich umgekehrt zueinander wie die Längen der zugehörigen Seiten.

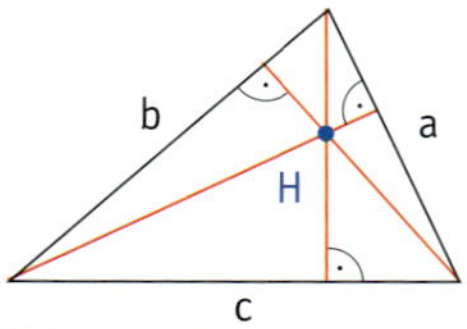

Seitenhalbierenden

Alle Seitenhalbierenden schneiden einander im **Schwerpunkt S.**
S teilt jede Seitenhalbierende im Verhältnis 2 : 1.

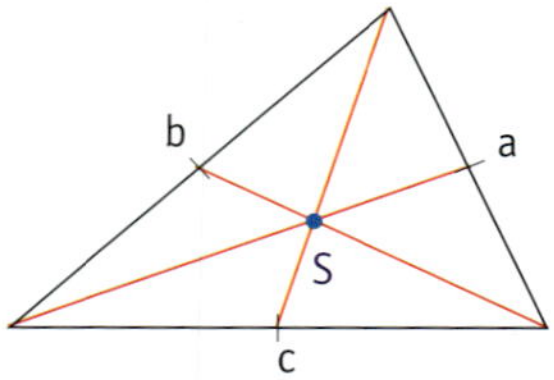

Winkelhalbierenden

Alle Winkelhalbierenden schneiden einander im **Inkreismittelpunkt W.**
ρ ist der Inkreisradius.

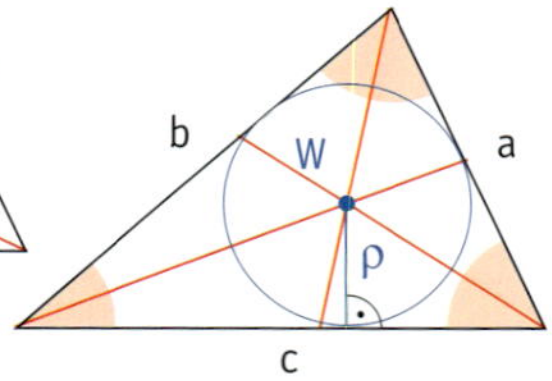

Mittelsenkrechten

Alle Mittelsenkrechten schneiden einander im **Umkreismittelpunkt M.**
r ist der Umkreisradius.

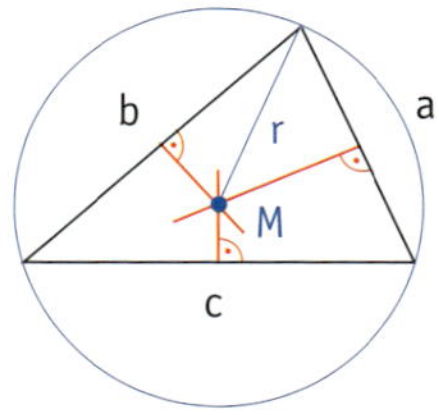

allgemeines Dreieck

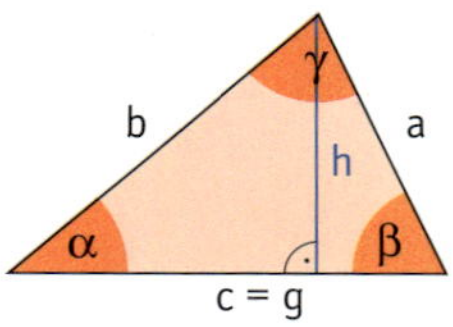

Der kleinsten Seite liegt der kleinste Winkel gegenüber.

$a + b > c;\ b + c > a;\ a + c > b$
(Dreiecksungleichung)

$A = \frac{g \cdot h}{2}$ (S. 36)

$u = a + b + c$

rechtwinkliges Dreieck

c Hypotenuse
a, b Kathete
$\gamma = 90°$

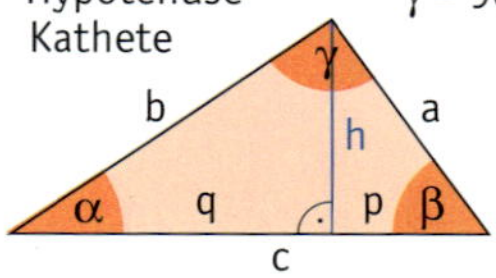

Satz des Pythagoras: $c^2 = a^2 + b^2$

Höhensatz: $h^2 = q \cdot p$

Kathetensatz: $a^2 = c \cdot p$
$b^2 = c \cdot q$

$A = \frac{a \cdot b}{2}$ (S. 34)

$u = a + b + c$

gleichseitiges Dreieck

$\alpha = 60°$

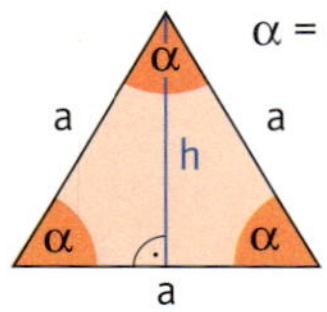

Höhe, Seitenhalbierende und Winkelhalbierende sind gleich lang. Umkreis und Inkreis haben einen gemeinsamen Mittelpunkt.

$A = \frac{a^2}{4} \cdot \sqrt{3}$ $h = \frac{a}{2} \cdot \sqrt{3}$

$u = 3 \cdot a$

Vierecke

Rechteck

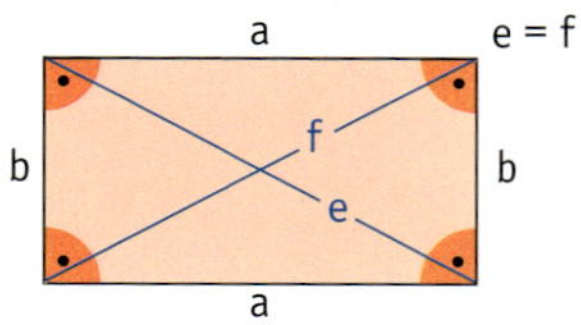

Alle Innenwinkel sind gleich groß. Die Diagonalen sind gleich lang und halbieren einander.

$e^2 = a^2 + b^2$

$A = a \cdot b$

$u = 2 \cdot (a + b)$

Quadrat

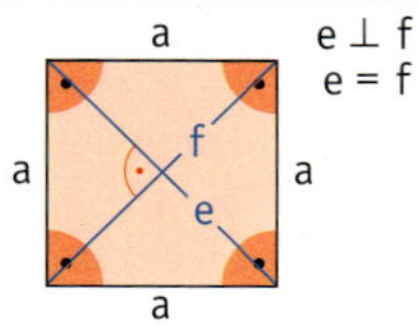

Alle Innenwinkel sind gleich groß. Die Diagonalen sind zueinander senkrecht.

$e^2 = 2 \cdot a^2$

$A = a^2$

$u = 4 \cdot a$

Raute (Rhombus)

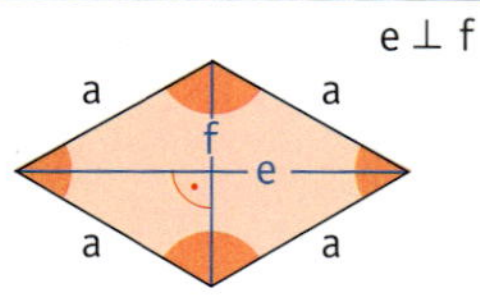

Gegenüberliegende Innenwinkel sind gleich groß. Die Diagonalen sind zueinander senkrecht.

$e^2 + f^2 = 4 \cdot a^2$

$A = \frac{e \cdot f}{2}$

$u = 4 \cdot a$

Trapez	Parallelogramm	Drachenviereck
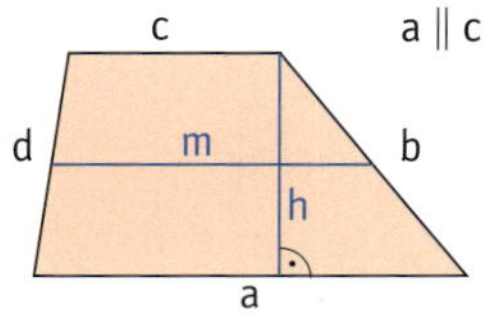	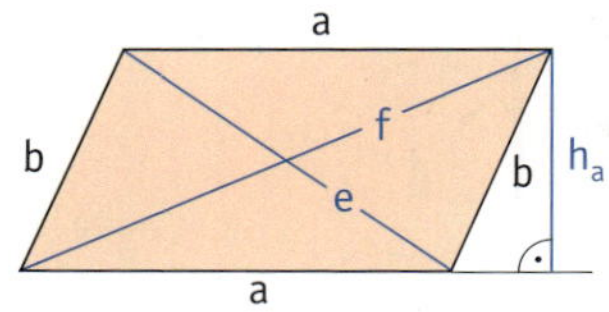	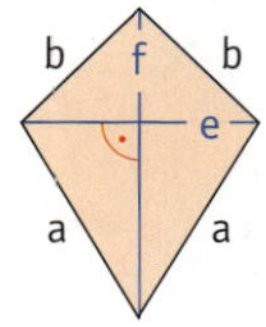
Mindestens zwei Seiten sind zueinander parallel.	Gegenüberliegende Seiten sind zueinander parallel und gleich lang. Gegenüberliegende Winkel sind gleich groß.	Die Diagonalen sind zueinander senkrecht. Mindestens zwei gegenüberliegende Winkel sind gleich groß.
$A = \frac{(a + c)}{2} \cdot h = m \cdot h$	$A = a \cdot h_a$	$A = \frac{e \cdot f}{2}$
$u = a + b + c + d$	$u = 2 \cdot (a + b)$	$u = 2 \cdot (a + b)$

Regelmäßige Vielecke (n-Ecke)

regelmäßiges Vieleck	regelmäßiges Sechseck
Jedes Vieleck mit gleich langen Seiten und gleich großen Innenwinkeln heißt regelmäßig.	
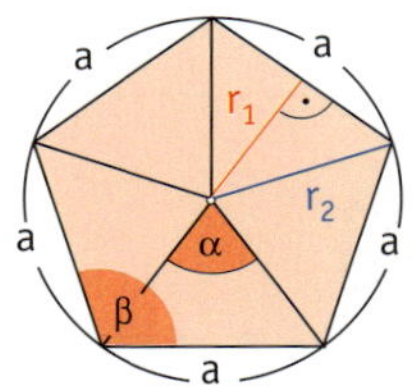 Anzahl der Ecken n Umkreisradius r_2 Inkreisradius r_1	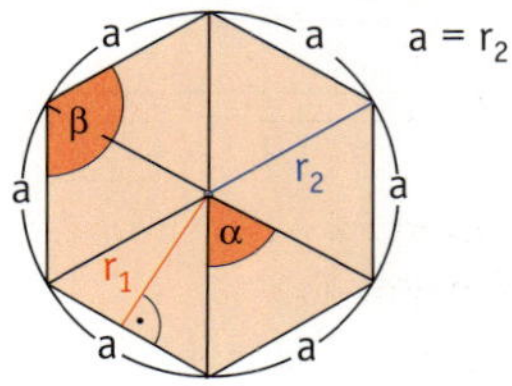 $a = r_2$
$\alpha = \frac{360°}{n}$ $u = n \cdot a$ $A = \frac{n}{2} \cdot a \cdot r_1$	$\alpha = \frac{360°}{6} = 60°$ $u = 6 \cdot a$ $A = \frac{3 \cdot \sqrt{3}}{2} \cdot a^2$

Kreis

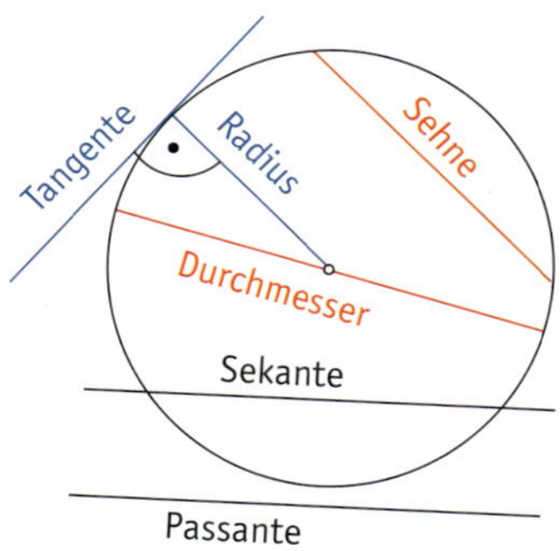

Tangente und Berührungsradius sind senkrecht zueinander.

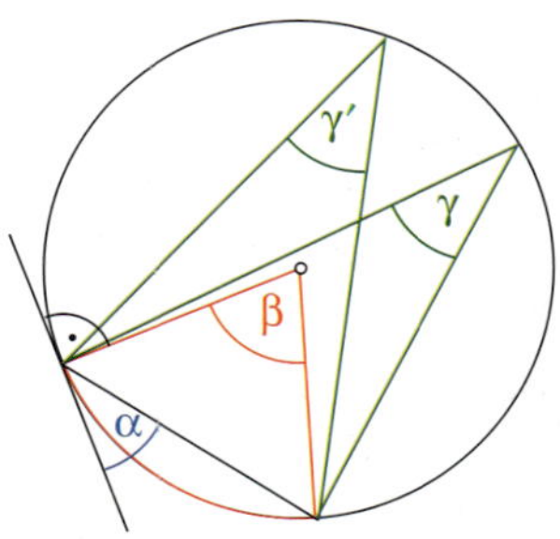

$\beta = 2 \cdot \alpha$ $\beta = 2 \cdot \gamma$

$\gamma = \gamma'$ $\alpha = \gamma$

α Sehnentangentenwinkel

β Zentriwinkel (Mittelpunktswinkel)

γ Peripheriewinkel (Umfangswinkel)

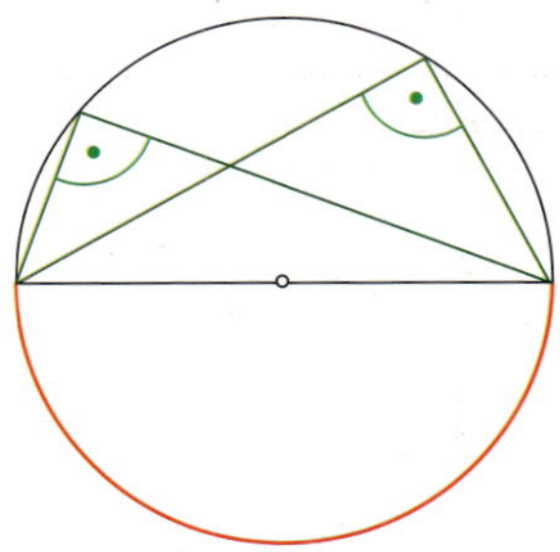

Peripheriewinkel über einem Halbkreis sind rechte Winkel. (Satz des THALES)

Ma3

Kreis

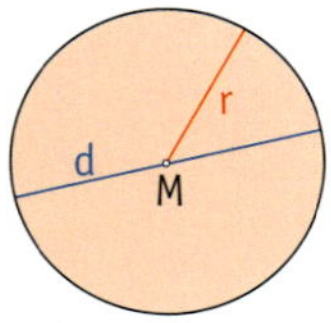

ludolfsche Zahl:
$\pi = 3{,}14159\ldots$
$\pi \approx 3{,}14$

$d = 2 \cdot r$

$A = \pi \cdot r^2 = \frac{\pi}{4} \cdot d^2$ (S. 48, 49)

$u = 2\pi \cdot r = \pi \cdot d$

Kreisring

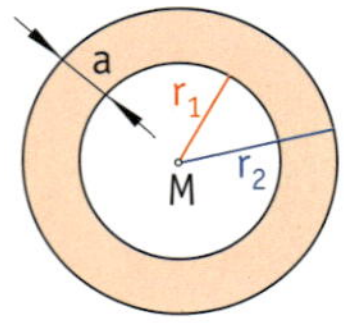

Ringbreite a

$a = r_2 - r_1$

$A = \pi \cdot (r_2{}^2 - r_1{}^2)$

$u = 2\,\pi \cdot (r_1 + r_2)$

Kreisausschnitt

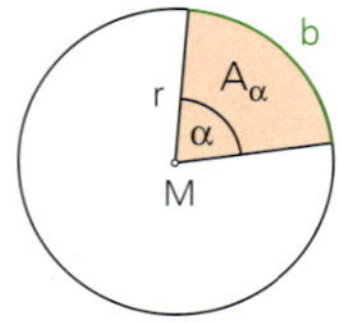

Kreisbogen b

$\frac{b}{u} = \frac{\alpha}{360°}$ $\quad b = \frac{\pi \cdot r \cdot \alpha}{180°}$

$A_\alpha = \frac{b \cdot r}{2}$

$A_\alpha = \pi \cdot r^2 \cdot \frac{\alpha}{360°}$

Stereometrie

Körper mit ebenen Begrenzungsflächen

V Rauminhalt / Volumen	A_G Grundflächeninhalt	A_D Deckflächeninhalt	h Körperhöhe
A_O Oberflächeninhalt	A_M Mantelflächeninhalt	a, b, c, s Kantenlängen	e Körperdiagonale

Prismen $\quad$ $V = A_G \cdot h$ $\quad$ $A_O = 2A_G + A_M$

Quader

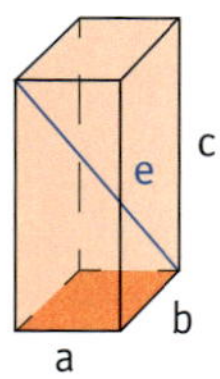

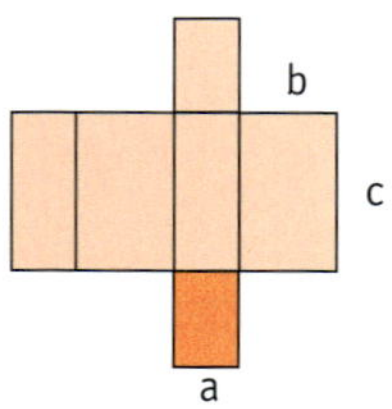

$V = a \cdot b \cdot c$ $\quad$ $A_G = a \cdot b$

$A_O = 2 \cdot (ab + ac + bc)$ $\quad$ $e = \sqrt{a^2 + b^2 + c^2}$

Würfel

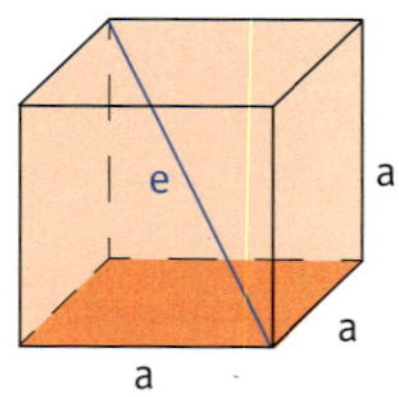

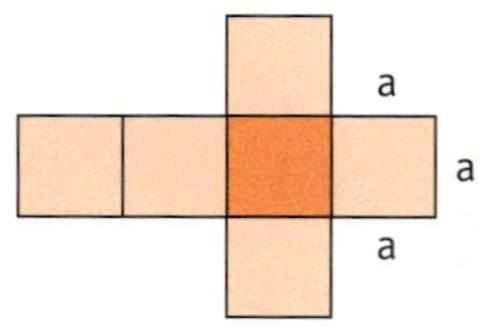

$V = a^3$ $\quad$ $A_G = a^2$

$A_O = 6 \cdot a^2$ $\quad$ $e = a \cdot \sqrt{3}$

Dreiecksäule (regelmäßiges dreiseitiges Prisma)

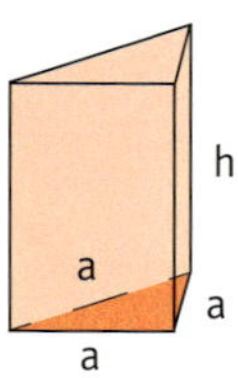

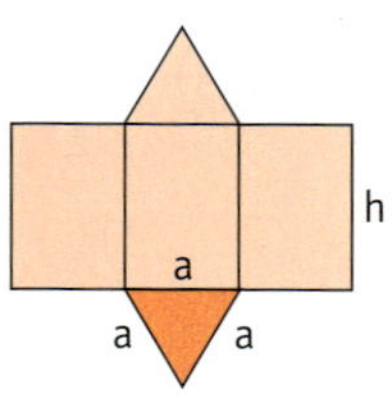

$V = \frac{a^2 \cdot h}{4} \cdot \sqrt{3}$ $\quad$ $A_G = \frac{a^2}{4} \cdot \sqrt{3}$

$A_O = \frac{a}{2} \cdot (a \cdot \sqrt{3} + 6 \cdot h)$ $\quad$ $A_M = 3 \cdot a \cdot h$

Trapezsäule (Prisma mit trapezförmiger Grundfläche)

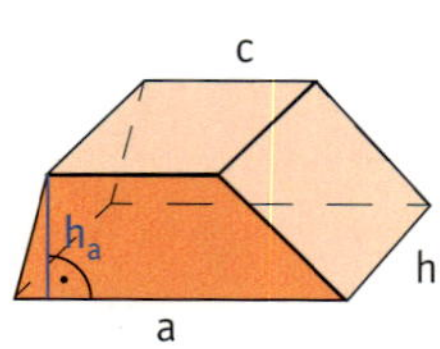

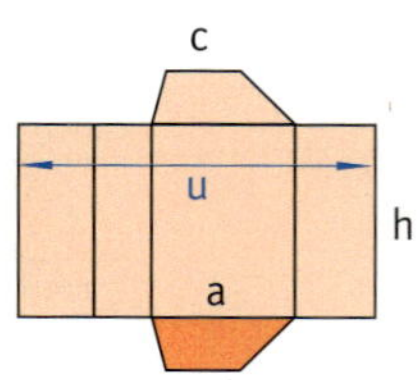

$V = A_G \cdot h$ $\quad$ $A_G = \frac{a + c}{2} \cdot h_a$

$A_O = 2 \cdot A_G + A_M$ $\quad$ $A_M = u \cdot h$

Pyramiden

$V = \frac{1}{3} A_G \cdot h \qquad A_O = A_G + A_M$

gerade quadratische Pyramide

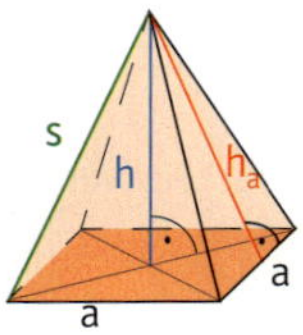

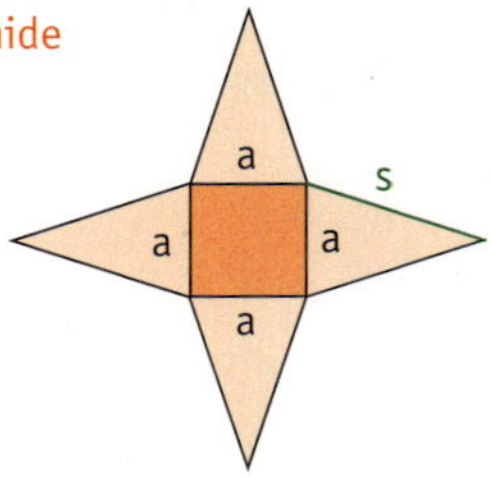

$V = \frac{a^2 \cdot h}{3} \qquad A_G = a^2$

$A_O = a \cdot (a + 2 \cdot h_a) \qquad A_M = 2 \cdot a \cdot h_a$

Tetraeder

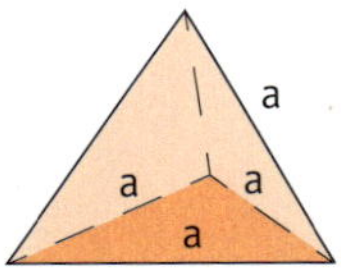

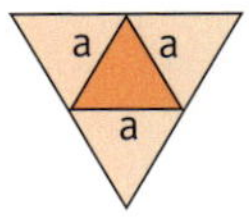

$V = \frac{a^3}{12} \sqrt{2} \qquad A_O = a^2 \cdot \sqrt{3}$

$A_G = \frac{a^2}{4} \sqrt{3} \qquad A_M = \frac{3a^2}{4} \cdot \sqrt{3}$

Pyramidenstümpfe

$V = \frac{h}{3} \cdot (A_G + \sqrt{A_G \cdot A_D} + A_D) \qquad A_O = A_G + A_D + A_M$

quadratischer Pyramidenstumpf

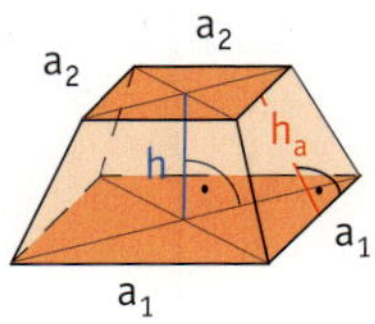

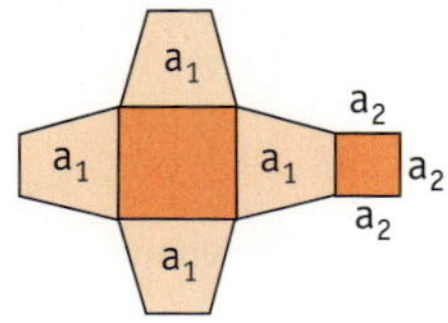

$V = \frac{h}{3} \cdot (a_1^2 + a_1 a_2 + a_2^2) \qquad A_G = a_1^2 \qquad A_D = a_2^2$

$A_O = a_1^2 + 2(a_1 + a_2) h_a + a_2^2 \qquad A_M = 2 \cdot (a_1 + a_2) \cdot h_a$

regelmäßiger dreiseitiger Pyramidenstumpf

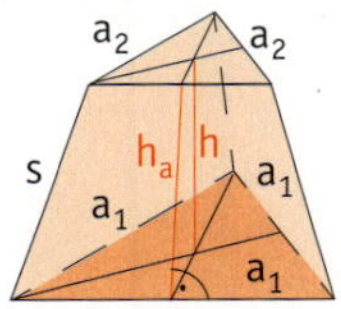

$A_G = \frac{a^2}{4} \cdot \sqrt{3}$

$A_M = \frac{3}{2} \cdot (a_1 + a_2) \cdot h_a$

$V = \frac{\sqrt{3}}{12} \cdot h \cdot (a_1^2 + a_1 a_2 + a_2^2)$

$A_O = \frac{\sqrt{3}}{4} (a_1^2 + a_2^2) + \frac{3}{2} (a_1 + a_2) \cdot h_a$

Körper mit gekrümmten Begrenzungsflächen

gerader Kreiszylinder

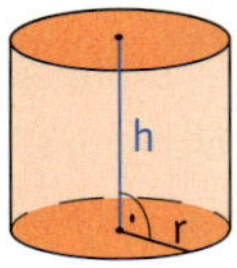

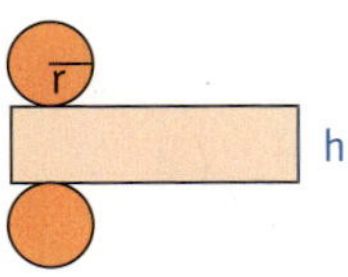

$V = A_G \cdot h \qquad A_O = 2 \cdot A_G + A_M$

$A_G = \pi \cdot r^2 \qquad A_M = 2\pi \cdot r \cdot h$

gerader Hohlzylinder

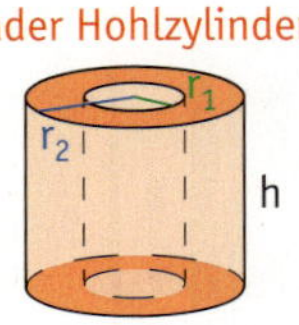

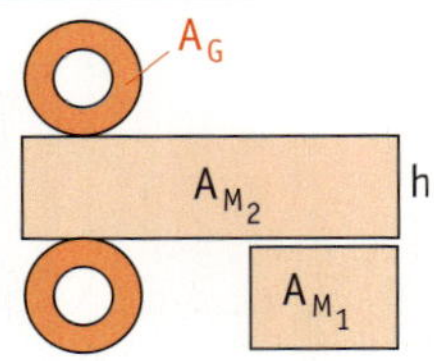

$V = A_G \cdot h \qquad r_2 > r_1$

$A_G = \pi \cdot (r_2^2 - r_1^2) \qquad A_{M_1} = 2\pi \cdot r_1 \cdot h$

$A_O = 2 \cdot A_G + A_{M_1} + A_{M_2} \qquad A_{M_2} = 2\pi \cdot r_2 \cdot h$

gerader Kreiskegel

$s^2 = r^2 + h^2$

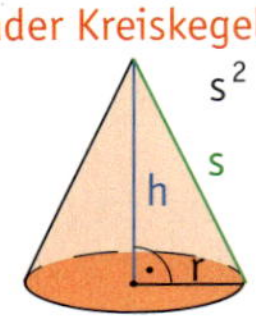

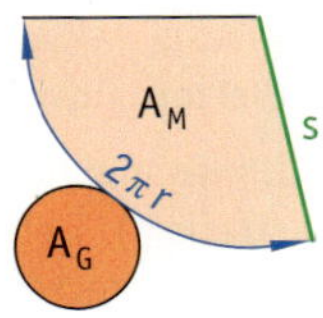

$V = \frac{\pi \cdot r^2 \cdot h}{3} \qquad A_O = A_G + A_M$

$A_G = \pi \cdot r^2 \qquad A_M = \pi \cdot r \cdot s$

Kugel

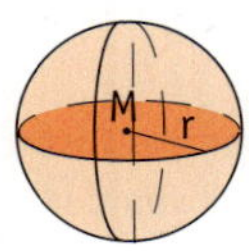

$V = \frac{4\pi \cdot r^3}{3}$

$A_O = 4 \cdot \pi \cdot r^2$

Kugelausschnitt (Kugelsektor)

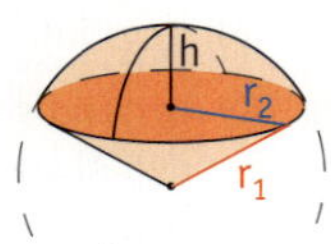

$V = \frac{2\pi \cdot r_1^2 \cdot h}{3}$

$A_O = \pi \cdot r_1 \cdot r_2 + 2\pi \cdot r_1 \cdot h$

Darstellende Geometrie

Parallelprojektionen

senkrechte Zweitafelprojektion

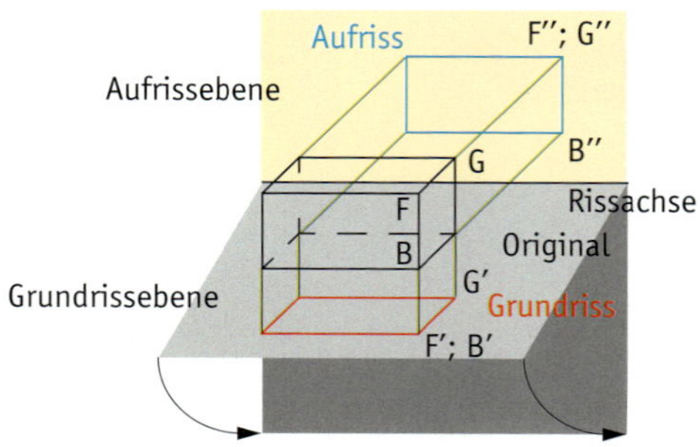

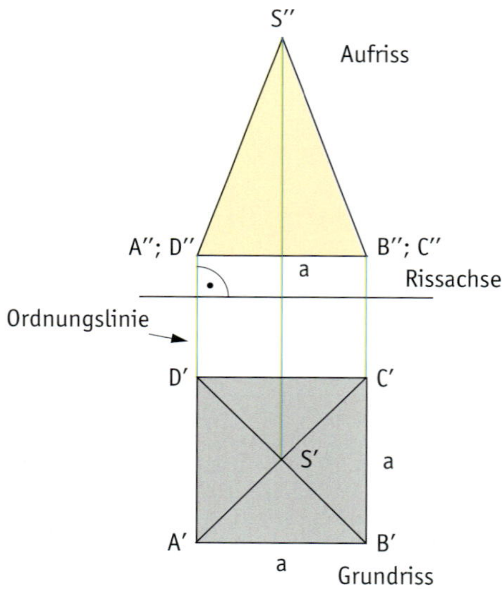

Eigenschaften:

(1) Grund- und Aufriss ein und desselben Punktes liegen auf einer Senkrechten zur Rissachse, der Ordnungslinie.

(2) Der Abstand des Punktes P′ von der Rissachse gibt den Abstand des Punktes P von der Aufrissebene an.

(3) Der Abstand des Punktes P″ von der Rissachse gibt den Abstand des Punktes P von der Grundrissebene an.

Kavalierperspektive (Schrägbild)

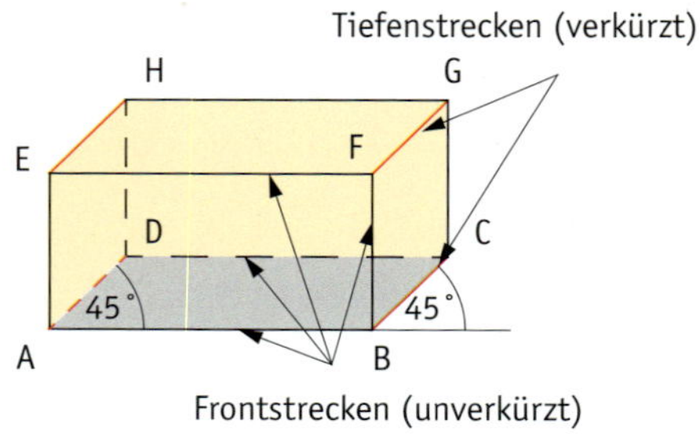

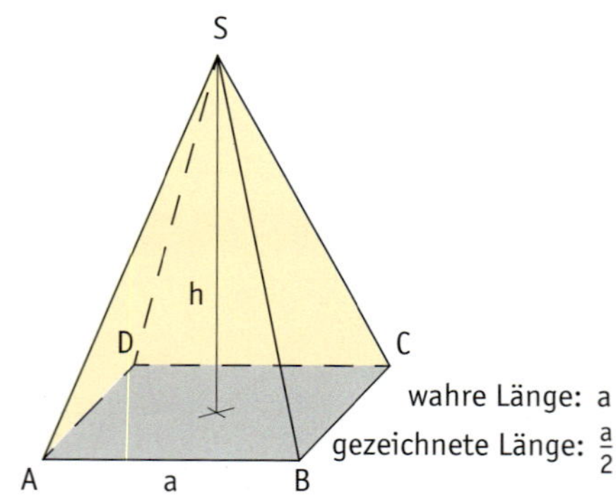

Eigenschaften:

(1) Verzerrungswinkel $\alpha = 45°$

(2) Verkürzungsverhältnis (Verzerrungsverhältnis) $q = \frac{1}{2}$

(3) Höhen und Breiten bleiben unverzerrt (Frontstrecken), Tiefen werden auf die Hälfte verkürzt (Tiefenstrecken werden halbiert).

(4) Die Schrägbilder paralleler Geraden sind wieder parallele Geraden.

wahre Länge einer Strecke

gesucht: wahre Länge von $\overline{ES}$ ($\overline{E_0S_0}$)

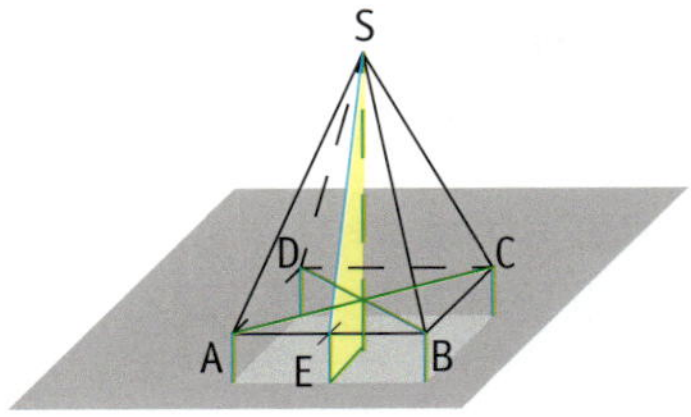

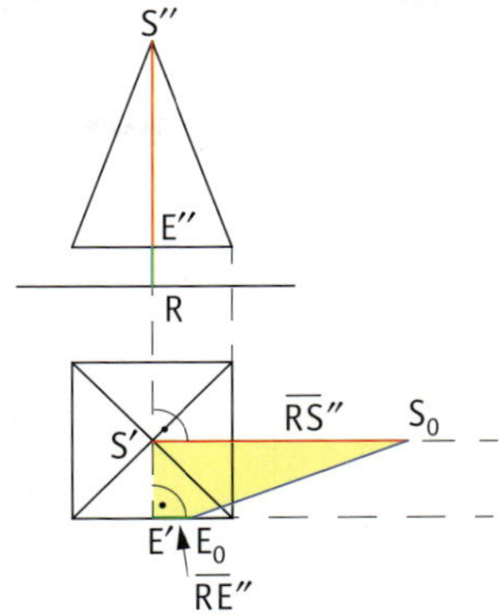

Vorgehen:

(1) Errichten der Senkrechten zu $\overline{E'S'}$ in den Punkten E′ und S′.

(2) Abtragen der Höhen $\overline{RE''}$ bzw. $\overline{RS''}$ auf den entsprechenden Senkrechten in E′ und S′.

(3) Verbinden der so erhaltenen Punkte E_0 und S_0. Die Strecke $\overline{E_0S_0}$ entspricht der wahren Länge von $\overline{ES}$.

Funktionen

Zuordnung und Funktionsbegriff

Zuordnung

Werden zwei Größenbereiche in Beziehung gesetzt, so entstehen Zuordnungen.

Name	Frank	Maria	Sophie	Olaf	Peter	Paul
Größe	1,70 m	1,64 m	1,68 m	1,70 m	1,68 m	1,72 m

proportionale Zuordnung

Zum 2fachen (3fachen, 4fachen, …) der ersten Größe gehört das 2fache (3fache, 4fache, …) der zweiten Größe. (S. 17)

1.Größe	x	2x	3x	4x	5x	…
2.Größe	y	2y	3y	4y	5y	…

umgekehrt proportionale Zuordnung

Zum 2fachen (3fachen, 4fachen, …) der ersten Größe gehört die Hälfte (der 3. Teil, der 4. Teil, …) der zweiten Größe. (S. 17)

1.Größe	x	2x	3x	4x	5x	…
2.Größe	y	$\frac{1}{2}$ y	$\frac{1}{3}$ y	$\frac{1}{4}$ y	$\frac{1}{5}$ y	…

Funktion	Eindeutige Zuordnung, bei der zu je einem Element aus der ersten Menge DB genau ein (ein und nur ein) Element aus der zweiten Menge WB gehört.
DB	Definitionsbereich; die Element $x \in DB$ heißen Argumente der Funktion.
WB	Wertebereich; die Element $y \in WB$ heißen Funktionswerte der Funktion.
$y = f(x)$, $y = g(x)$, …	Schreibweisen für die Zuordnungsvorschrift
$x \mapsto f(x)$	Kurzsprechweise für „Funktion f mit der Gleichung $y = f(x)$“: Funktion $y = f(x)$
Nullstelle von f	$x_i \in$ DB mit $f(x_i) = 0$ (alle x, für die $f(x) = 0$ ist)

Ma4

Ma

Funktionsdarstellungen

Funktionsgleichung	y = f(x) = 2x + 3 Gleichung mit der Variablen x (x ∈ DB) und der Variablen y (y ∈ WB)
Menge geordneter Paare	Menge der Zahlenpaare, die die jeweilige Funktionsgleichung erfüllen {(−2; −1), (−1; 1), (0; 3), (1; 5), (2; 7), (3; 9), ...}
Wertetabelle	übersichtliche Darstellung einer Menge von Zahlenpaaren

x	−2	−1	0	1	2	3
y	−1	1	3	5	7	9

Wortvorschrift	Beschreibung einer Funktion mit Worten: Den Zahlen aus dem ersten Bereich wird ihr Doppeltes, vermehrt um 3, zugeordnet.
Graph / Schaubild	zeichnerische Darstellung einer Zuordnung (meist in einem Koordinatensystem)

kartesisches Koordinatensystem

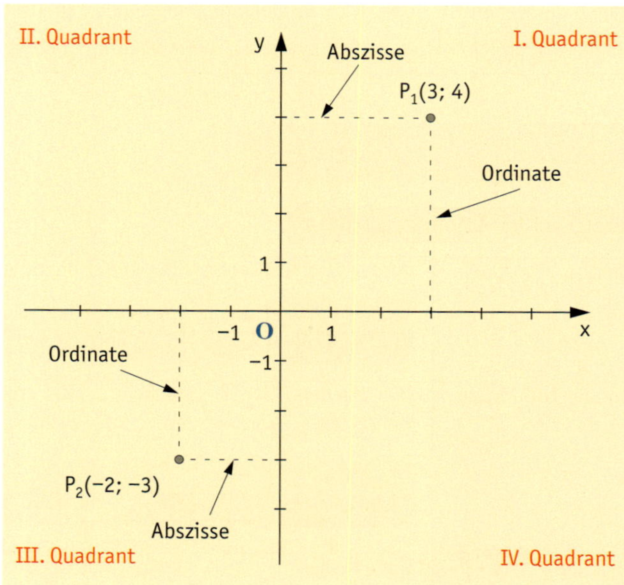

Achsen	zwei Zahlengeraden, die rechtwinklig zueinander sind
x - Achse **y - Achse**	Abszissenachse (Rechtsachse) Ordinatenachse (Hochachse)
Koordinatenursprung	Schnittpunkt O von x- und y-Achse mit den Koordinaten (0;0)
Koordinaten	Zahlenpaare, durch die die Lage von Punkten im Koordinatensystem eindeutig festgelegt ist Schreibweise: P(3; 4) oder P(3 | 4) Abszisse (x-Wert) Abstand von der y-Achse Ordinate (y-Wert) Abstand von der x-Achse

Lineare Funktionen

$y = f(x) = mx$ $(m \neq 0)$

DB: $-\infty < x < +\infty$

WB: $-\infty < y < +\infty$

Graph: Gerade durch O(0; 0)

m: Steigungsfaktor (Anstieg)

$m_1 > 0$ steigende Gerade

$m_2 < 0$ fallende Gerade

Wegen $m = \frac{y}{x} = \frac{2y}{2x} = \frac{3y}{3x} = \ldots$ beschreibt die Gleichung $y = f(x) = mx$ einen proportionalen Zusammenhang. Man nennt $y = f(x) = mx$ eine proportionale Funktion.

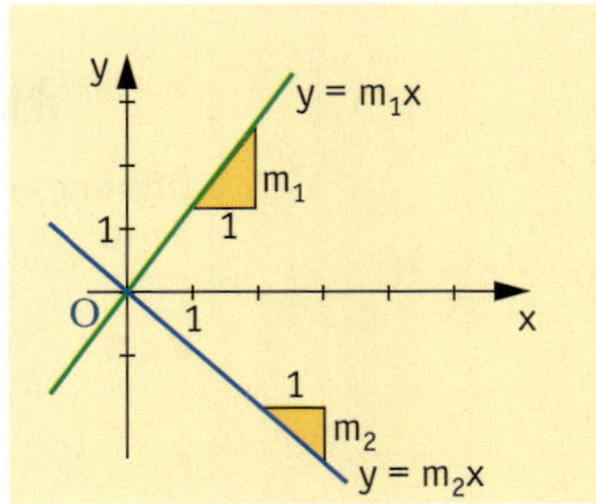

$y = f(x) = mx + n$ $(m \neq 0)$

DB: $-\infty < x < +\infty$

WB: $-\infty < y < +\infty$

Graph: Gerade mit der Steigung m, welche die y-Achse im Punkt S(0; n) schneidet

n: y-Achsenabschnitt der Geraden (Ordinatenabschnitt)

Nullstelle: $x_0 = -\frac{n}{m}$

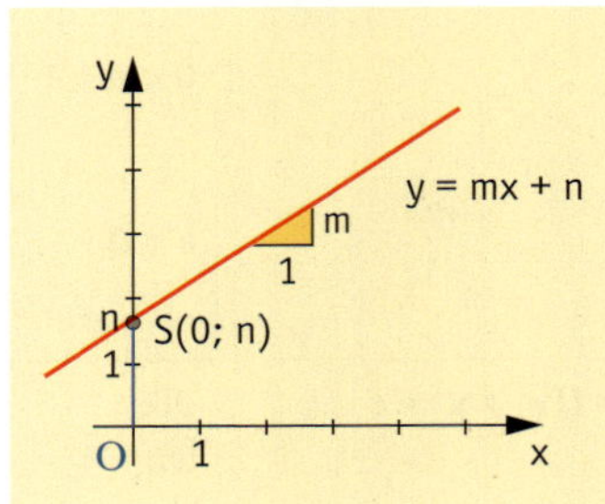

Steigung (Anstieg) m der Geraden durch die Punkte $P_1\ (x_1; y_1)$ und $P_2\ (x_2; y_2)$

$m = \frac{y_2 - y_1}{x_2 - x_1}$ $\quad (x_1 \neq x_2)$

konstante Funktion wenn $m = 0$, dann $y_1 = y_2$

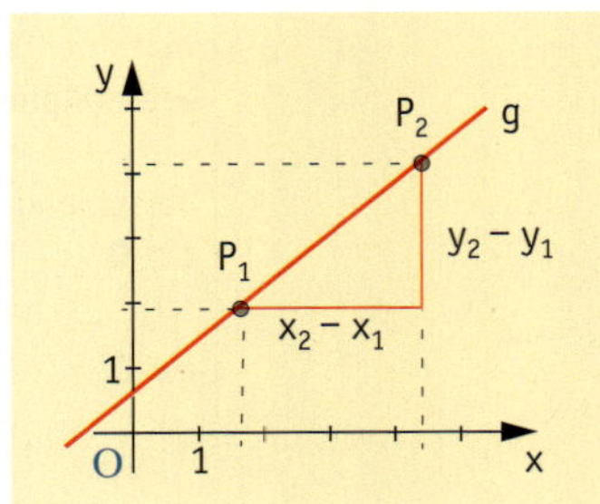

Quadratische Funktionen

allgemeine Form: $y = f(x) = ax^2 + bx + c$ $(a, b, c \in \mathbb{R};\ a \neq 0)$

$y = f(x) = x^2$

DB: $-\infty < x < +\infty$

WB: $0 \leq y < +\infty$

Graph: Normalparabel

Die Normalparabel ist nach oben geöffnet.

Scheitelpunkt: S(0; 0)

Symmetrieachse: y-Achse

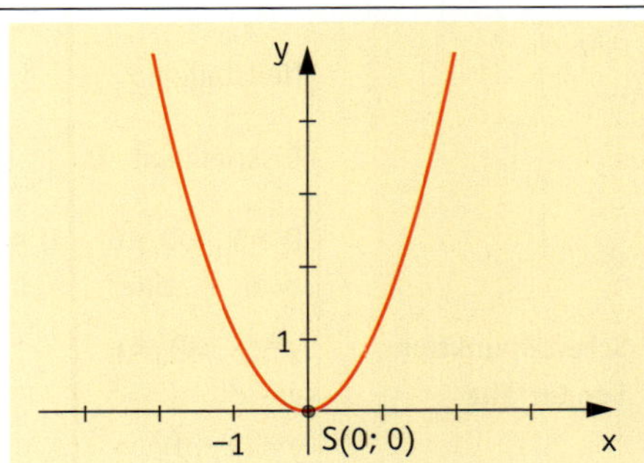

Ma4

$y = f(x) = ax^2$

DB: $-\infty < x < +\infty$

WB: für $a > 0$ $\quad 0 \le y < +\infty$

für $a < 0$ $\quad -\infty < y \le 0$

Scheitelpunkt: S(0; 0)

Öffnung der Parabel:

$a > 0$ Parabel nach **oben** geöffnet

$a < 0$ Parabel nach **unten** geöffnet

Form der Parabel bez. $y = x^2$:

$a > 1$ Streckung auf das a-fache in Richtung y-Achse

$0 < a < 1$ Stauchung auf das a-fache in Richtung y-Achse

$a < 0$ Spiegelung an der x-Achse

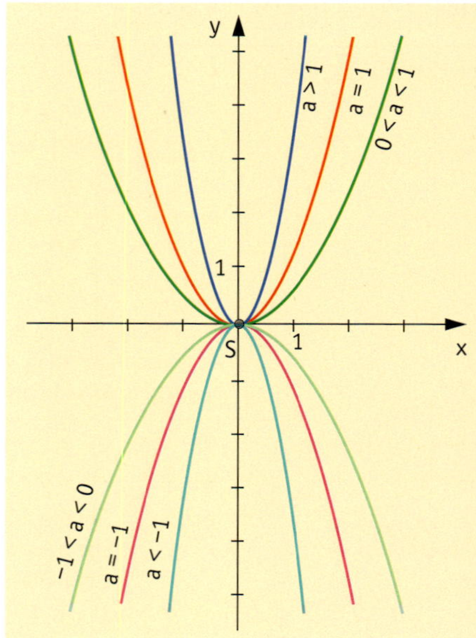

$y = f(x) = x^2 + c$

DB: $-\infty < x < +\infty$

WB: $c < y < +\infty$

Der Summand c bewirkt eine Verschiebung der Parabel um c Einheiten entlang der y-Achse.
Scheitelpunkt: S(0; c)

Verschiebung der Parabel:

$c > 0$ Parabel nach oben verschoben

$c < 0$ Parabel nach unten verschoben

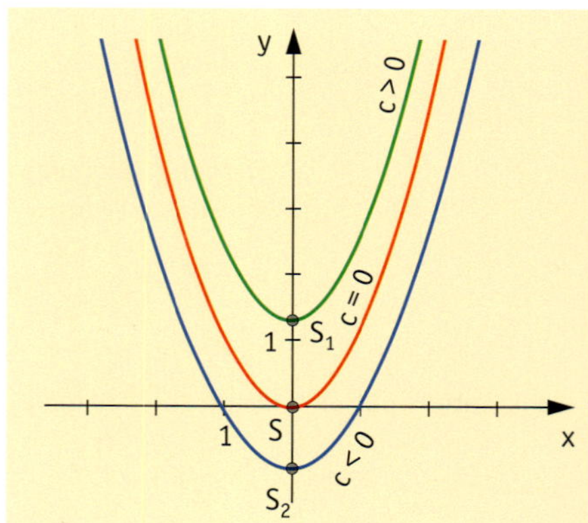

$y = f(x) = x^2 + px + q$
$(p, q \in \mathbb{R})$

aus allgemeiner Form durch:
$p = \frac{b}{a}$; $q = \frac{c}{a}$

Normalform

DB: $-\infty < x < +\infty$

WB: $q - \frac{p^2}{4} \le y < +\infty$

Scheitelpunkt: $S(-\frac{p}{2}; -\frac{p^2}{4} + q)$

Nullstellen: $x_{1;2} = -\frac{p}{2} \pm \sqrt{\left(\frac{p}{2}\right)^2 - q}$

Diskriminante D: $\left(\frac{p}{2}\right)^2 - q$

$D > 0$	$D = 0$	$D < 0$
zwei	eine	keine Nullstelle

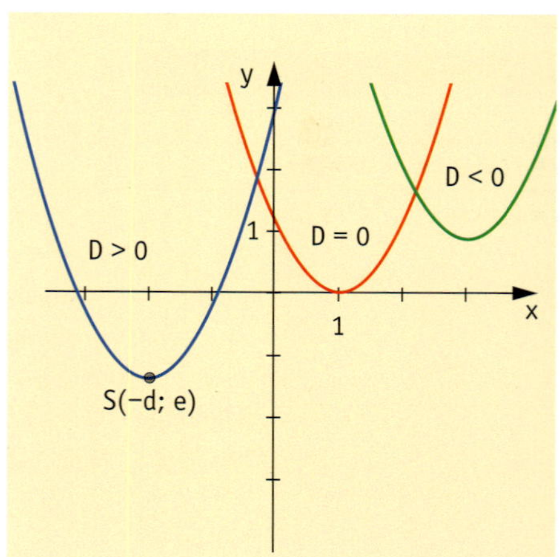

Scheitelpunktform

$y = (x + d)^2 + e$ $\quad$ S(−d; e)

Sonderfälle

$y = x^2$ $\quad$ S(0; 0)

$y = (x + d)^2$ $\quad$ S(−d; 0)

Ma

Umgekehrt proportionale Funktionen

$y = f(x) = \frac{k}{x} \quad (x \neq 0)$

DB:	$-\infty < x < +\infty; \quad x \neq 0$
WB:	$-\infty < y < +\infty; \quad y \neq 0$
Graph:	Gekrümmte Linie, die beide Achsen des Koordinatensystems weder berührt noch schneidet, sich ihnen aber immer mehr nähert (Hyperbel)

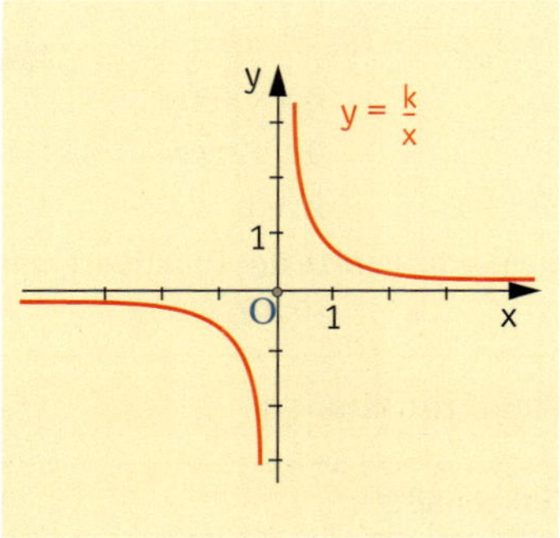

Wegen $k = x \cdot y = 2x \cdot \frac{1}{2}y = 3x \cdot \frac{1}{3}y$

nennt man $y = f(x) = \frac{k}{x}$ eine

umgekehrt proportionale Funktion.

Ma4

Potenzfunktionen

$y = f(x) = x^n \quad (n \in \mathbb{Z})$ Potenzfunktion n-ten Grades

$n > 0$

n	gerade Zahl
DB:	$-\infty < x < +\infty$
WB:	$0 \leq y < +\infty$
Nullstelle:	$x_0 = 0$

gemeinsame Punkte aller Graphen: (−1; 1), (0; 0), (1; 1)

n	ungerade Zahl
DB:	$-\infty < x < +\infty$
WB:	$-\infty < y < +\infty$
Nullstelle:	$x_0 = 0$

gemeinsame Punkte aller Graphen: (−1; −1), (0; 0), (1; 1)

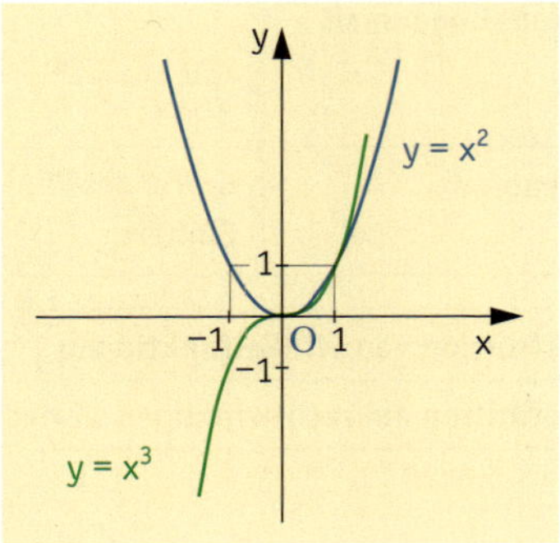

$n < 0$

n	gerade Zahl
DB:	$-\infty < x < +\infty; \quad x \neq 0$
WB:	$0 < y < +\infty$
Nullstelle:	keine

gemeinsame Punkte aller Graphen: (−1; 1), (1; 1)

n	ungerade Zahl
DB:	$-\infty < x < +\infty; \quad x \neq 0$
WB:	$-\infty < y < +\infty; \quad y \neq 0$
Nullstelle:	keine

gemeinsame Punkte aller Graphen: (−1; −1), (1; 1)

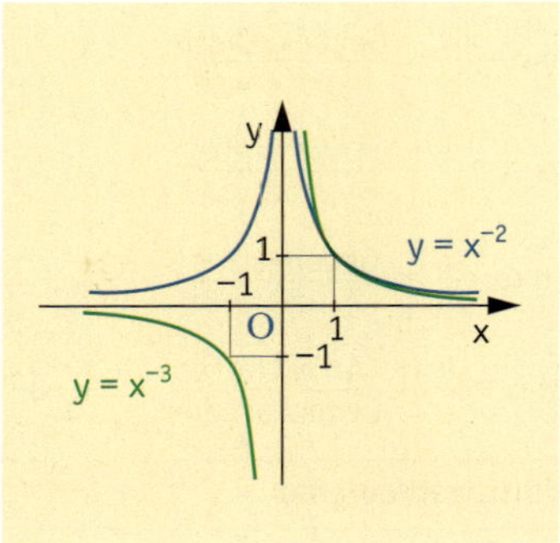

Ma

Wurzelfunktionen

Die Funktionen $y = f(x) = \sqrt[n]{x} = x^{\frac{1}{n}}$ $(n \in \mathbb{N}^*)$ sind nichtrationale Funktionen.

DB: $0 \leq x < +\infty$

WB: $0 \leq y < +\infty$

Nullstelle: $x_0 = 0$

gemeinsame Punkte der Funktionsgraphen: $(0; 0)$, $(1; 1)$

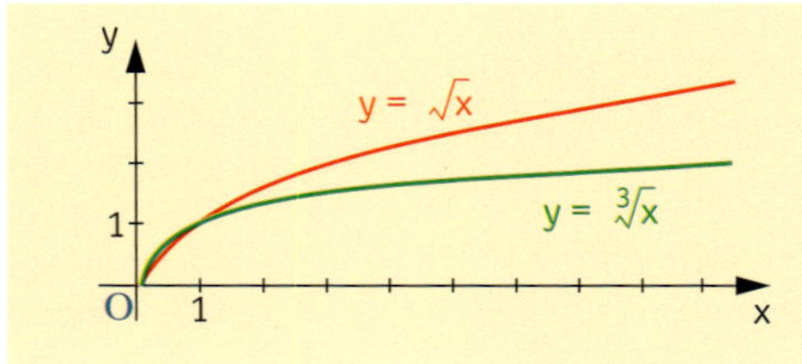

Winkelfunktionen

Winkelmaße

Gradmaß	Größe des Winkels α (β, γ, ...) im Verhältnis zum Vollwinkel **Einheit:** $1°$ (ein Grad); Vollwinkel $360°$; rechter Winkel $90°$ **Unterteilung:** Dezimal oder Minute ($1° = 60'$) und Sekunde ($1' = 60''$)
Bogenmaß	Größe des (Zentri-)Winkels x (y, z, ...) als Verhältnis von Bogenlänge b zu Radius r; $x = \text{arc}\,\alpha$ **Einheit:** 1 rad (ein Radiant); x hat die Größe 1 rad, wenn $b = r$
Umrechnungen Grad/Bogenmaß (S. 46)	$1° \approx 0{,}01745$ rad $1 \text{ rad} \approx 57{,}296°$ $\frac{\alpha}{\text{arc}\,\alpha} = \frac{180°}{\pi}$ $\alpha = \frac{180° \cdot \text{arc}\,\alpha}{\pi}$ $\text{arc}\,\alpha = \frac{\alpha \cdot \pi}{180°}$
Neugrad	Größe des Winkels α (β, γ, ...) im Verhältnis zum Vollwinkel **Einheit:** 1^g (ein Gon); Vollwinkel 400^g; rechter Winkel 100^g

Definition von Winkelfunktionen

Definition am rechtwinkligen Dreieck

$0° < \alpha < 90°$

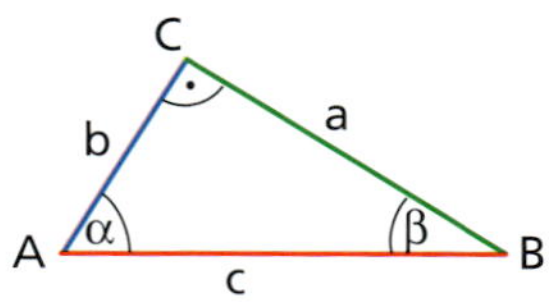

$\sin\alpha = \frac{a}{c} = \frac{\text{Gegenkathete}}{\text{Hypotenuse}}$

$\cos\alpha = \frac{b}{c} = \frac{\text{Ankathete}}{\text{Hypotenuse}}$

$\tan\alpha = \frac{a}{b} = \frac{\text{Gegenkathete}}{\text{Ankathete}}$

$\cot\alpha = \frac{b}{a} = \frac{\text{Ankathete}}{\text{Gegenkathete}}$

Definition am Kreis mit dem Radius r

Der freie Schenkel des Winkels der Größe x schneidet den Kreis im Punkt P(u; v).

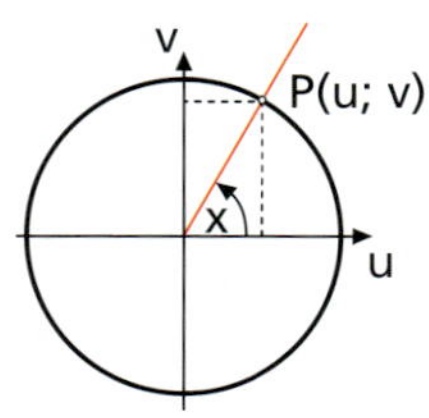

$\sin x = \frac{v}{r}$

$\cos x = \frac{u}{r}$

$\tan x = \frac{v}{u}$ (für alle $x \neq \frac{\pi}{2} + k\pi$, $k \in \mathbb{Z}$)

$\cot x = \frac{u}{v}$ (für alle $x \neq k\pi$, $k \in \mathbb{Z}$)

Additionstheoreme

$\sin(\alpha \pm \beta) = \sin\alpha\cos\beta \pm \cos\alpha\sin\beta$

$\cos(\alpha \pm \beta) = \cos\alpha\cos\beta \mp \sin\alpha\sin\beta$

$\tan(\alpha \pm \beta) = \frac{\tan\alpha \pm \tan\beta}{1 \mp \tan\alpha \cdot \tan\beta}$

Zusammenhänge zwischen Winkelfunktionen

Nenner $\neq 0$

Für jeden Winkel α gilt:

$\sin^2 \alpha + \cos^2 \alpha = 1$ $\quad \tan \alpha \cdot \cot \alpha = 1$

$\tan \alpha = \frac{\sin \alpha}{\cos \alpha}$ $\quad \cot \alpha = \frac{\cos \alpha}{\sin \alpha}$

$1 + \tan^2 \alpha = \frac{1}{\cos^2 \alpha}$ $\quad 1 + \cot^2 \alpha = \frac{1}{\sin^2 \alpha}$

Für beliebige Winkel α gilt:

	$90° \pm \alpha$	$180° \pm \alpha$	$270° \pm \alpha$	$360° \pm \alpha$	$-\alpha$
sin	$+\cos \alpha$	$\mp \sin \alpha$	$-\cos \alpha$	$\pm \sin \alpha$	$-\sin \alpha$
cos	$\mp \sin \alpha$	$-\cos \alpha$	$\pm \sin \alpha$	$+\cos \alpha$	$+\cos \alpha$
tan	$\mp \cot \alpha$	$\pm \tan \alpha$	$\mp \cot \alpha$	$\pm \tan \alpha$	$-\tan \alpha$
cot	$\mp \tan \alpha$	$\pm \cot \alpha$	$\mp \tan \alpha$	$\pm \cot \alpha$	$-\cot \alpha$

Periodizität der Sinus- und Kosinusfunktion

$\sin(x + k \cdot 360°) = \sin x \ (k \in \mathbb{Z})$; $\sin(-x) = -\sin x$ $\quad \cos(x + k \cdot 360°) = \cos x \ (k \in \mathbb{Z})$; $\cos(-x) = \cos x$

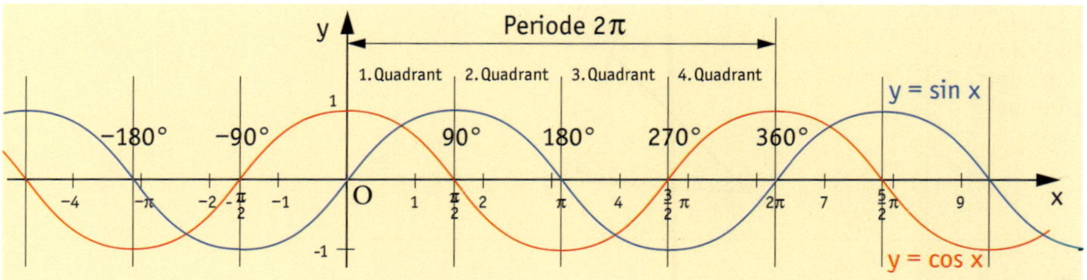

Eigenschaften von Winkelfunktionen

Sinusfunktion
$y = f(x) = \sin x$
(S. 50, 51)

DB: $-\infty < x < +\infty$
WB: $-1 \leq y \leq 1$
Nullstellen: $x_k = k\pi$ $\quad k \in \mathbb{Z}$
Periode: 2π
$\sin(x + 2k\pi) = \sin x$

$y = f(x) = a \sin x$
$y = f(x) = \sin bx$
$y = f(x) = a \sin bx$

DB: $-\infty < x < +\infty$
WB: $-a \leq y \leq a$
Nullstellen: $x_k = \frac{k\pi}{b}$
Periode: $\frac{2\pi}{|b|}$

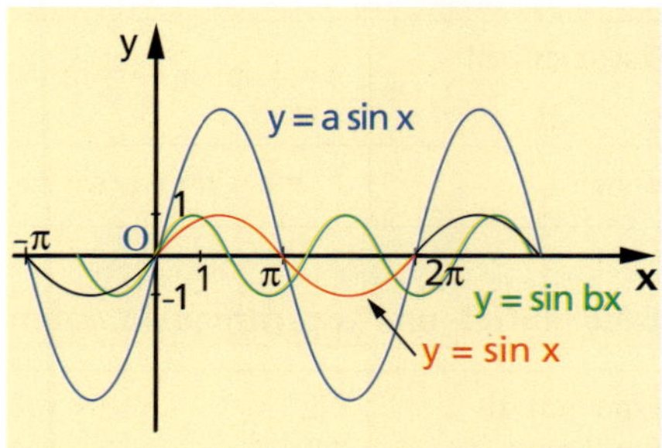

Kosinusfunktion
$y = f(x) = \cos x$
(S. 50, 51)

DB: $-\infty < x < +\infty$
WB: $-1 \leq y \leq 1$
Nullstellen: $x_k = (2k + 1)\frac{\pi}{2}$, $\quad k \in \mathbb{Z}$
Periode: 2π
$\cos(x + 2k\pi) = \cos x$

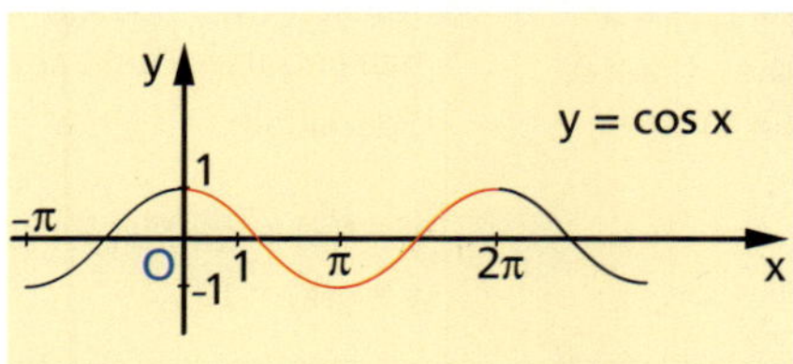

Tangensfunktion
$y = f(x) = \tan x$

DB: $-\infty < x < +\infty$
$x \neq (2k + 1)\frac{\pi}{2}$, $\quad k \in \mathbb{Z}$
WB: $-\infty < y < +\infty$
Nullstellen: $x_k = k\pi$, $\quad k \in \mathbb{Z}$
Periode: π
$\tan(x + k\pi) = \tan x$

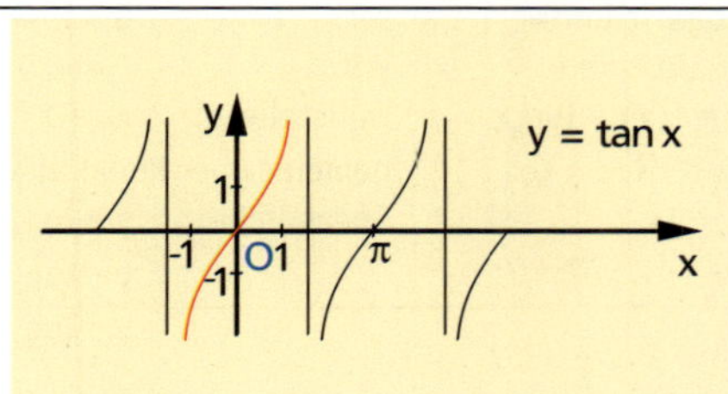

Werte von Winkelfunktionen für spezielle Argumente

	0°	30°	45°	60°	90°	120°	135°	150°	180°
	0	$\frac{\pi}{6}$	$\frac{\pi}{4}$	$\frac{\pi}{3}$	$\frac{\pi}{2}$	$\frac{2\pi}{3}$	$\frac{3\pi}{4}$	$\frac{5\pi}{6}$	π
y = sin x	0	$\frac{1}{2}$	$\frac{1}{2}\sqrt{2}$	$\frac{1}{2}\sqrt{3}$	1	$\frac{1}{2}\sqrt{3}$	$\frac{1}{2}\sqrt{2}$	$\frac{1}{2}$	0
y = cos x	1	$\frac{1}{2}\sqrt{3}$	$\frac{1}{2}\sqrt{2}$	$\frac{1}{2}$	0	$-\frac{1}{2}$	$-\frac{1}{2}\sqrt{2}$	$-\frac{1}{2}\sqrt{3}$	-1
y = tan x	0	$\frac{1}{3}\sqrt{3}$	1	$\sqrt{3}$	–	$-\sqrt{3}$	-1	$-\frac{1}{3}\sqrt{3}$	0

Vorzeichen der Werte von Winkelfunktionen für Argumente aus den vier Quadranten

Funktion \ Quadrant	I	II	III	IV
y = sin x	+	+	–	–
y = cos x	+	–	–	+
y = tan x	+	–	+	–

Anwendungen von Winkelfunktionen bei Dreiecksberechnungen

Berechnungen ohne Winkelfunktionen am allgemeinen Dreieck S. 24

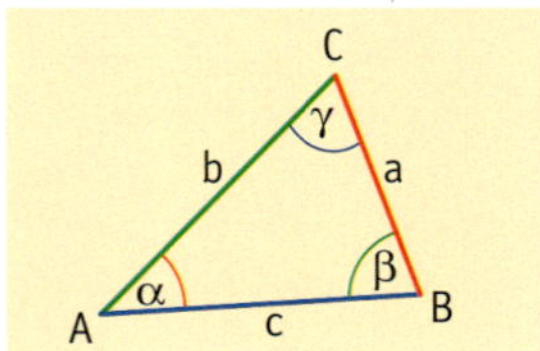

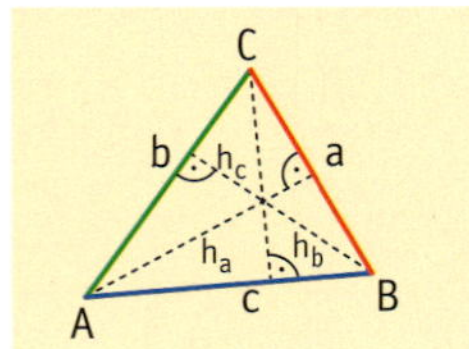

Sinussatz	$\frac{a}{b} = \frac{\sin\alpha}{\sin\beta}$	$\frac{b}{c} = \frac{\sin\beta}{\sin\gamma}$	$\frac{a}{c} = \frac{\sin\alpha}{\sin\gamma}$
Kosinussatz	$a^2 = b^2 + c^2 - 2bc \cdot \cos\alpha$	$b^2 = a^2 + c^2 - 2ac \cdot \cos\beta$	$c^2 = a^2 + b^2 - 2ab \cdot \cos\gamma$
Flächeninhalt	$A = \frac{1}{2}\,ab \cdot \sin\gamma = \frac{1}{2}\,bc \cdot \sin\alpha = \frac{1}{2}\,ac \cdot \sin\beta = 2r^2 \cdot \sin\alpha \cdot \sin\beta \cdot \sin\gamma$		r Umkreisradius
Höhen	$h_a = b \cdot \sin\gamma = c \cdot \sin\beta$	$h_b = a \cdot \sin\gamma = c \cdot \sin\alpha$	$h_c = b \cdot \sin\alpha = a \cdot \sin\beta$

Exponential- und Logarithmusfunktionen

Exponentialfunktionen $y = f(x) = a^x$ ($a \in \mathbb{R}$, $a > 0$, $a \neq 1$)

DB: $-\infty < x < +\infty$
WB: $0 < y < +\infty$
Nullstellen: keine
gemeinsamer Punkt aller Graphen: (0; 1)
Spezialfall: $y = e^x$

$y = f(x) = \lg(x)$ ist Umkehrfunktion von $y = g(x) = 10^x$.

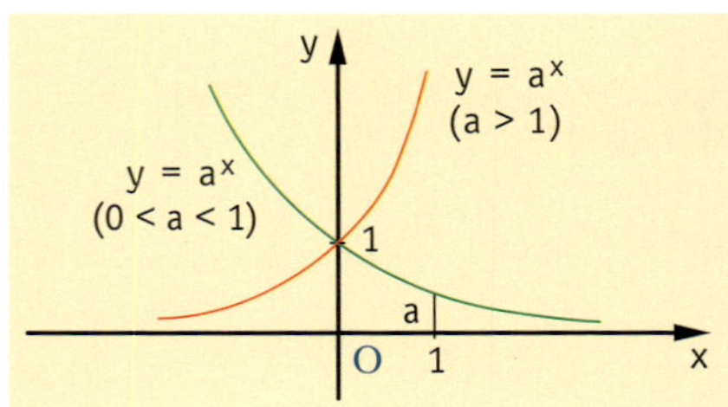

Logarithmusfunktionen $y = f(x) = \log_a x$ ($a \in \mathbb{R}$, $a > 0$, $a \neq 1$)

DB: $0 < x < +\infty$
WB: $-\infty < y < +\infty$
Nullstelle: $x_0 = 1$
gemeinsamer Punkt aller Graphen: (1; 0)
Spezialfälle: $y = \log_{10} x = \lg x$
$y = \log_e x = \ln x$
$y = \log_2 x = \text{lb}\, x$

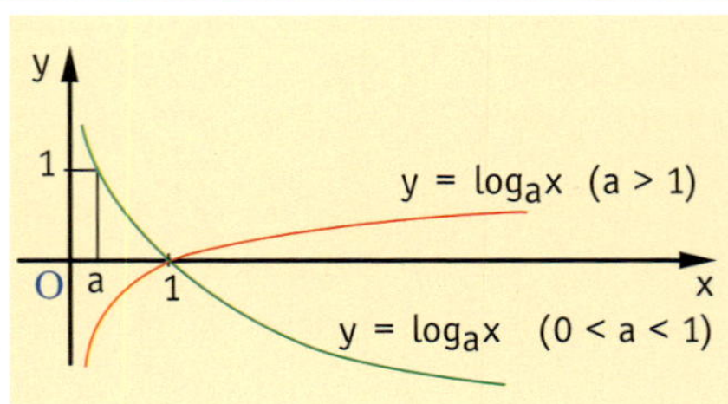

Beispiele für Werte von Logarithmusfunktionen

$\log_a x$ \ x	0,5	1	2	3	4	6	8	10	100
lg x	− 0,30	0	0,30	0,48	0,60	0,78	0,90	1	2
lb x	− 1	0	1	1,58	2	2,58	3	3,32	6,64
ln x	− 0,69	0	0,69	1,10	1,39	1,79	2,08	2,30	4,61
$\log_{0,5} x$	1	0	− 1	− 1,58	− 2	− 2,58	− 3	− 3,32	− 6,64

Kombinatorik

Fakultät, Binomialkoeffizient

Fakultät $n!$ (sprich: „n Fakultät") ist das Produkt aller natürlichen Zahlen von 1 bis n.

$n! = 1 \cdot 2 \cdot 3 \cdot \ldots \cdot (n-1) \cdot n$ $0! = 1$ $1! = 1$ $(n+1)! = n! \cdot (n+1)$ $n \in \mathbb{N}^*$

Zahlenwerte für n!

n	2	3	4	5	6	7	8	9	10
n!	2	6	24	120	720	5 040	40 320	362 880	3 628 800

Binomialkoeffizient $\binom{n}{k}$ (sprich: „n über k") mit $k, n \in \mathbb{N}$; $k \le n$ ist der Quotient

$$\binom{n}{k} = \frac{n \cdot (n-1) \cdot (n-2) \cdot \ldots \cdot [n-(k-1)]}{1 \cdot 2 \cdot 3 \cdot \ldots \cdot k} = \frac{n!}{k!(n-k)!}$$

$\binom{n}{0} = 1$ $\binom{n}{1} = n$ $\binom{n}{k} = \binom{n}{n-k}$ $k, n \in \mathbb{N}$

Binomischer Satz

$$(a+b)^n = \binom{n}{0} a^n + \binom{n}{1} a^{n-1} b + \binom{n}{2} a^{n-2} b^2 + \ldots + \binom{n}{n-1} a b^{n-1} + \binom{n}{n} b^n \qquad a, b \in \mathbb{R};\ n \in \mathbb{N}$$

Beispiele:

$(a+b)^0 = 1$

$(a+b)^1 = a + b$

$(a+b)^2 = a^2 + 2ab + b^2$

$(a+b)^3 = a^3 + 3a^2b + 3\,ab^2 + b^3$

$(a+b)^4 = a^4 + 4a^3b + 6a^2b^2 + 4ab^3 + b^4$

(binomische Formeln S. 16)

Binomialkoeffizienten

1
1 1
1 2 1
1 3 3 1
1 4 6 4 1

pascalsches Zahlendreieck

Permutationen, Variationen, Kombinationen

Permutation

Jede mögliche Anordnung von allen n Elementen einer Menge heißt Permutation dieser Elemente.

Für n verschiedene Elemente gibt es n! solche Anordnungsmöglichkeiten.

$P_n = n!$

3 Elemente $P_3 = 3 \cdot 2 \cdot 1 = 6$

ABC	BAC	CAB
ACB	BCA	CBA

Hat die Menge n Elemente und sind darunter k_1, k_2, k_3, ... gleiche Elemente, so gibt es

$\overline{P_n} = \frac{n!}{k_1! \cdot k_2! \cdot \ldots \cdot k_r!}$ Anordnungsmöglichkeiten.

Dabei gilt: $k_1 + k_2 + \ldots + k_r = n$.

4 Elemente, von denen je 2 gleich sind

$\overline{P_4} = \frac{4!}{2! \cdot 2!} = 6$

AABB	BAAB
ABAB	BABA
ABBA	BBAA

Variation

Jede mögliche Anordnung (**mit** Berücksichtigung der **Reihenfolge**) aus je k von n Elementen einer Menge heißt Variation dieser Elemente (Variation von n Elementen zur k-ten Klasse).

Für die Anordnung von k aus n Elementen (**ohne** Wiederholung) gibt es

$V_n^k = \frac{n!}{(n-k)!} = \binom{n}{k} k!$ Möglichkeiten.

2 aus 3 Elementen $V_3^2 = \frac{3!}{1!} = 6$

AB	BA	CA
AC	BC	CB

Für die Anordnung von k aus n Elementen (**mit** Wiederholung) gibt es

$\overline{V_n^k} = n^k$ Möglichkeiten.

2 aus 3 Elementen $\overline{V_3^2} = 3^2 = 9$

AA	BA	CA
AB	BB	CB
AC	BC	CC

Kombination

Jede mögliche Anordnung (**ohne** Berücksichtigung der **Reihenfolge**) aus jeweils k von n Elementen einer Menge heißt Kombination dieser Elemente (Kombination von n Elementen zur k-ten Klasse).

Für die Anordnung von k aus n Elementen (**ohne** Wiederholung) gibt es

$C_n^k = \binom{n}{k}$ Möglichkeiten.

3 aus 4 Elementen $C_4^3 = \binom{4}{3} = 4$

ABC	BCD	ABD
ACD		

Für die Anordnung von k aus n Elementen (**mit** Wiederholung) gibt es

$\overline{C_n^k} = \binom{n+k-1}{k}$ Möglichkeiten.

2 aus 3 Elementen $\overline{C_3^2} = \binom{4}{2} = 6$

AA	BB	CC
AB	BC	
AC		

Möglichkeiten beim Ziehen von Kugeln aus Urnen

Ziehen mit Zurücklegen	Ziehen ohne Zurücklegen	Ziehen mit einem Griff
Aus n Kugeln k-mal eine Kugel **mit** Zurücklegen ziehen: n^k Möglichkeiten Variation mit Wiederholung	Aus n Kugeln k-mal eine Kugel **ohne** Zurücklegen ziehen: $n \cdot (n-1) \cdot (n-2) \cdot \ldots \cdot (n-k+1)$ Möglichkeiten Variation ohne Wiederholung	Aus n Kugeln mit einem Griff k Kugeln ziehen: $\binom{n}{k}$ Möglichkeiten Kombination ohne Wiederholung

Wahrscheinlichkeitsrechnung und beschreibende Statistik

Grundlegende Begriffe

Zufallsexperiment (Zufallsversuch, zufälliger Vorgang)	Ein Zufallsexperiment besitzt mindestens zwei mögliche Ergebnisse, von denen bei jeder Durchführung genau eines erzielt wird. Dabei ist nicht vorhersehbar, welches der möglichen Ergebnisse eintreten wird. Ein Zufallsexperiment kann unter einem bestimmten Komplex von Bedingungen (prinzipiell) beliebig oft ablaufen. Mögliche Ergebnisse sind $e_1; e_2; \ldots; e_n$.
Simulation	Durchführung eines Zufallsexperiments anstelle eines anderen unter Zuhilfenahme anderer Mittel. Dabei bleiben die Anzahl der Ergebnisse und deren Wahrscheinlichkeiten gleich. Das Zufallsexperiment muss strukturgleich und wiederholbar sein. Anwendung: Statt des Würfelns mit einem idealen Würfel werden Kugeln aus einer Urne, die 6 unterschiedliche Kugeln enthält, gezogen.
Ergebnismenge Ω (Stichprobenraum S)	Menge aller bei einem bestimmten Zufallsexperiment möglichen Ergebnisse. $\Omega = \{e_1; e_2; \ldots; e_n\}$ (auch $S = \{e_1; e_2; \ldots; e_n\}$)
Ereignis · Beschreibung von Ereignissen	Jede Teilmenge der Ergebnismenge Ω nennt man Ereignis E. Man sagt: „das Ereignis E ist eingetreten", wenn das Zufallsexperiment mit einem Ergebnis aus dem Ereignis E endet. Ereignisse (z. B. Würfeln einer Zahl > 3) lassen sich auf verschiedene Arten beschreiben: · Aufzählen der Ergebnisse $E = \{4; 5; 6\}$ · Beschreibung in Worten E: die Augenzahl ist größer als 3 · als Zufallsvariable E: $3 < y \leq 6$; y: geworfene Augenzahl
sicheres Ereignis **unmögliches Ereignis $\varnothing$** **Elementarereignis {a}** **Gegenereignis $\overline{E}$**	Ereignis, das bei **jeder** Versuchsdurchführung eintritt Ereignis, das bei **keiner** Versuchsdurchführung eintritt Ereignis mit genau einem Element Komplementärmenge von E $E \cup \overline{E} = \Omega$
absolute Häufigkeit $H_n(E)$ des Eintretens von E	Anzahl des Eintretens von E bei n Versuchen
relative Häufigkeit $h_n(E)$ des Eintretens von E	$h_n(E) = \frac{H_n(E)}{n}$ Anzahl des Eintretens von E im Verhältnis zur Anzahl n aller Versuche. relative Häufigkeit = $\frac{\text{absolute Häufigkeit}}{\text{Gesamtzahl der Versuche}}$
empirisches Gesetz der großen Zahlen	Führt man ein Zufallsexperiment sehr oft durch, so stabilisieren sich die relativen Häufigkeiten der einzelnen Ergebnisse.

Ma5

Wahrscheinlichkeit und ihre grundlegenden Eigenschaften

Wahrscheinlichkeit

Bei einer hinreichend großen Anzahl von Versuchen kann die relative Häufigkeit des Eintretens des Ereignisses E als Zahlenwert für die Wahrscheinlichkeit von E gewählt werden.

Der Zahlenwert für die Wahrscheinlichkeit des Eintretens von E wird mit P(E) bezeichnet.

Wahrscheinlichkeitsverteilung

Eine Wahrscheinlichkeitsverteilung ordnet jedem einzelnen Ergebnis genau eine Zahl so zu, dass diese Zahl zwischen 0 und 1 liegt und die Summe dieser Zahlen 1 ist.

Gleichverteilung (klassische Wahrscheinlichkeit; LAPLACE-Formel)

Haben alle Ergebnisse eines Zufallsexperiments die gleiche Wahrscheinlichkeit, so gilt für ein beliebiges Ereignis E:

$$P(E) = \frac{\text{Anzahl der für E günstigen Ergebnisse}}{\text{Anzahl aller möglichen Ergebnisse}} = \frac{g}{m}$$

Anwendung: Beim Würfeln mit einem idealen Würfel sind E_1, E_2, E_3, E_4, E_5, E_6 (einander ausschließende) Ereignisse, die im Erreichen einer 1, 2, 3, 4, 5 bzw. 6 bestehen ($E_1 = \{1\}$; $E_2 = \{2\}$; ...).

Es ist $P(E_1) = P(E_2) = P(E_3) = P(E_4) = P(E_5) = P(E_6)$

Regeln und Sätze für das Rechnen mit Wahrscheinlichkeiten

(1)	$0 \leq P(E) \leq 1$	
(2)	$\{a_1, a_2, \ldots, a_k\} \subseteq \Omega$ $P(\{a_1, a_2, \ldots, a_k\}) = P(\{a_1\}) + P(\{a_2\}) + \ldots + P(\{a_k\})$	Summenregel
(3)	$P(\Omega) = 1$	Wahrscheinlichkeit des sicheren Ereignisses
(4)	$P(\emptyset) = 0$	Wahrscheinlichkeit des unmöglichen Ereignisses
(5)	$P(\overline{E}) = 1 - P(E)$	Wahrscheinlichkeit des Gegenereignisses
(6)	$E_1 \subseteq E_2 \quad P(E_1) \leq P(E_2)$	
(7)	$P(E_1 \cup E_2) = P(E_1) + P(E_2) - P(E_1 \cap E_2)$	Additionssatz für zwei Ereignisse

Additionssatz für einander ausschließende Ereignisse E_1 und E_2

$P(E_1 \cup E_2) = P(E_1) + P(E_2)$ Wahrscheinlichkeit für „**entweder** E_1 **oder** E_2 tritt ein"

Anwendung: Beim Würfeln mit einem idealen Würfel sind E_1, E_2, E_3, E_4, E_5, E_6 Ereignisse, die im Erreichen einer 1, 2, 3, 4, 5 bzw. 6 bestehen.

Die Wahrscheinlichkeit, eine  oder  zu erreichen, ist

$P(E_1 \cup E_6) = P(E_1) + P(E_6)$

Ma

Pfadregel

mehrstufiges Zufalls-experiment	ein aus mehreren Teilversuchen bestehendes Zufallsexperiment
Baumdiagramm	Möglichkeit der Beschreibung mehrstufiger Zufallsexperimente Anwendung: Ziehen von 2 Kugeln ohne Zurücklegen aus einer Urne mit 3 unterschiedlichen Kugeln. 1. Ziehung 2. Ziehung 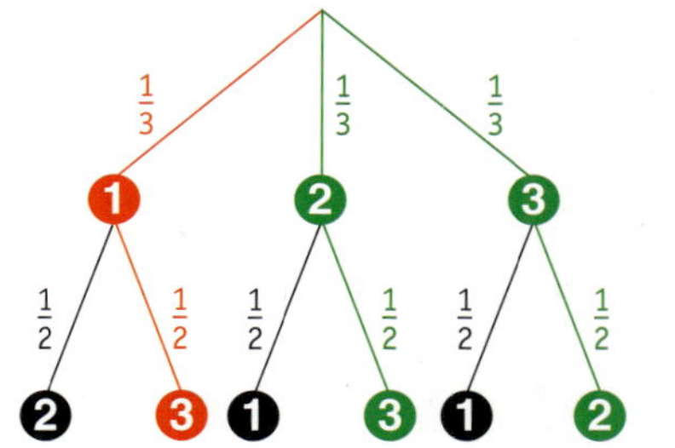 Ergebnisse $E_1\{1;2\}$ $E_2\{1;3\}$ $E_3\{2;1\}$ $E_4\{2;3\}$ $E_5\{3;1\}$ $E_6\{3;2\}$
Pfadregel	Jeder Pfad eines Baumdiagramms zeigt ein mögliches Ergebnis auf. Die Wahrscheinlichkeit für ein Ergebnis entspricht dem Produkt aller längs des Pfades auftretenden Wahrscheinlichkeiten. Die Wahrscheinlichkeit für ein Ereignis ist gleich der Summe der zugehörigen Pfadwahrscheinlichkeiten.
unabhängige Ereignisse	Das Eintreten eines Ereignisses hat keinen Einfluss auf das Eintreten des anderen.
bedingte Wahrschein-lichkeit $P_B(A)$	Wahrscheinlichkeit des Ereignisses A unter der Voraussetzung, dass B mit einer bestimmten Wahrscheinlichkeit bereits eingetreten ist $P_B(A) = \frac{P(A \cap B)}{P(B)}$, falls $P(B) > 0$

Multiplikationssatz

$P(A \cap B) = P(B) \cdot P_B(A) = P(A) \cdot P_A(B)$, falls $P(B)$ bzw. $P(A) > 0$

Multiplikationssatz für unabhängige Ereignisse E_1 und E_2

Wahrscheinlichkeit für „**sowohl** E_1, **als auch** E_2 tritt ein"

$P(E_1 \cap E_2) = P(E_1) \cdot P(E_2)$

Anwendung: Beim Würfeln mit zwei idealen Würfeln sind $E_1, E_2, E_3, E_4, E_5, E_6$ bzw. $F_1, F_2, F_3, F_4, F_5, F_6$ Ereignisse, die jeweils im Erreichen einer 1, 2, 3, 4, 5, 6 bestehen.

Die Wahrscheinlichkeit, mit beiden Würfeln jeweils eine 6 zu erreichen, ist

$P(E_6 \cap F_6) = P(E_6) \cdot P(F_6)$

Lage- und Streumaße statistischer Untersuchungen

häufigster Wert (Modalwert)	Ergebnis bei einer Messreihe oder einer Stichprobe, welches am häufigsten auftritt
arithmetische Mittel (Mittelwert; Durchschnitt) $\bar{x}$ oder $\bar{m}$	Summe aller Werte, dividiert durch die Anzahl der Werte $\bar{x} = \frac{x_1 + x_2 + \ldots + x_n}{n}$ n = Anzahl der Werte (Umfang der Stichprobe) (S. 17)
Zentralwert z (Median)	Ordnet man alle Ergebnisse einer Messreihe, so ist der Wert in der Mitte aller Ergebnisse der Zentralwert. (Bei geraden Anzahlen von Ergebnissen nimmt man die beiden Werte in der Mitte, addiert sie und teilt sie dann durch 2.) Anwendung: Ergebnisse: 2 4 7 8 9 12 Zentralwert: (7 + 8) : 2 = 7,5
Spannweite R (Streu- oder Variationsbreite)	Differenz zwischen dem größten und dem kleinsten Ergebnis einer Stichprobe $R = x_{Max} - x_{Min}$
mittlere Abweichung a von $\bar{x}$	Summe der Beträge aller Differenzen zwischen den einzelnen Ergebnissen und dem Mittelwert, dividiert durch die Anzahl aller Ergebnisse $a = \frac{\lvert x_1 - \bar{x}\rvert + \lvert x_2 - \bar{x}\rvert + \ldots + \lvert x_n - \bar{x}\rvert}{n}$
Varianz s^2	Streumaß, zu dessen Berechnung jeweils die Differenzen zwischen den einzelnen Ergebnissen und dem Mittelwert quadriert werden. Diese Quadrate werden anschließend aufsummiert und durch (n – 1) geteilt. $s^2 = \frac{(x_1 - \bar{x})^2 + (x_2 - \bar{x})^2 + \ldots + (x_n - \bar{x})^2}{n - 1}$ (bei Stichproben vom Umfang n aus einer Grundgesamtheit) Für die Varianz von Grundgesamtheiten von Umfang N gilt: $\sigma^2 = \frac{(x_1 - \bar{x})^2 + (x_2 - \bar{x})^2 + \ldots + (x_n - \bar{x})^2}{N}$.
Standardabweichung s	Standardabweichung = $\sqrt{\text{Varianz}}$

Darstellungsarten

Strichliste	**Stamm-Blätter-Diagramm** (auch Stängel-Blatt-Diagramm)	**Klassenbildung**
wird häufig beim Erfassen der Daten angewendet	Daten werden aufgespalten in einem „Stamm“ (linker Teil) und ein „Blatt“ (rechter Teil).	Zusammenfassen der Daten in Klassen unterschiedlicher oder gleicher Größe
	Daten: 19 26 37 35 22 18 17 28 20 33 34 12 28 17 32 16	
1: 𝍸 2: 𝍸 𝍸 |||| 3: || 4: 𝍸 ||| 5: 𝍸 𝍸 6: ||||	1 | 9 8 7 2 7 6 2 | 6 2 8 0 8 3 | 7 5 3 4 2	Klasse – abs. Häufigkeit 6 – 15: 1 16 – 25: 7 26 – 35: 7 36 – 45: 1

Säulendiagramm (Stabdiagramm)

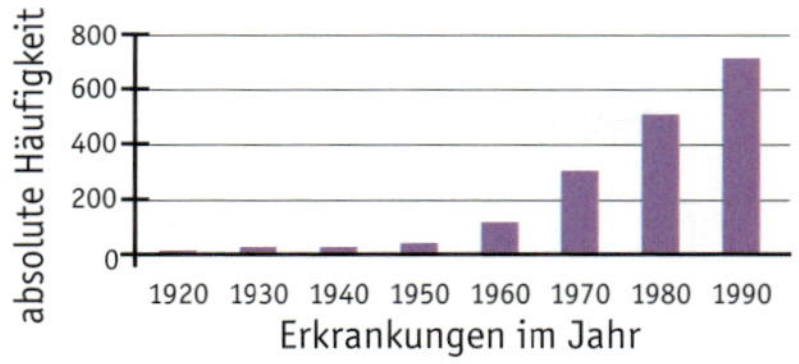

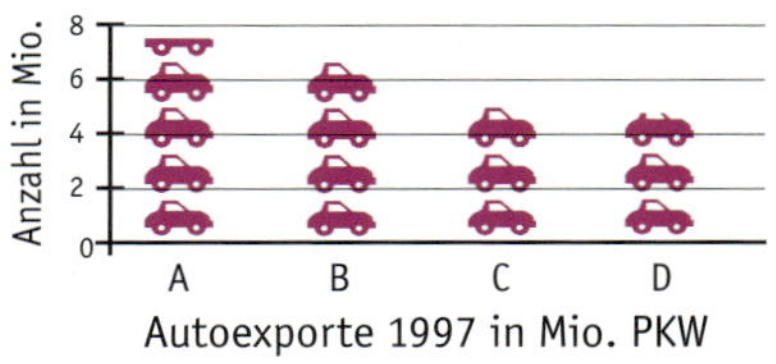

(Statt einfacher Rechtecke werden manchmal zur Veranschaulichung auch aufeinander getürmte Gegenstände als Säulen/Stäbe verwendet.)

Balkendiagramm

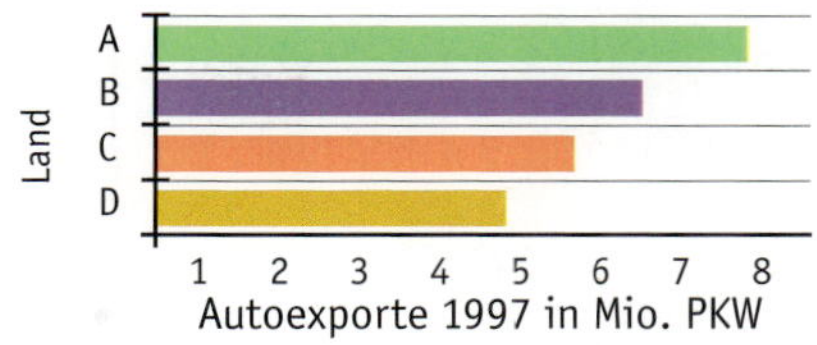

Verbrauch an Nahrungsmitteln pro Kopf im Jahr

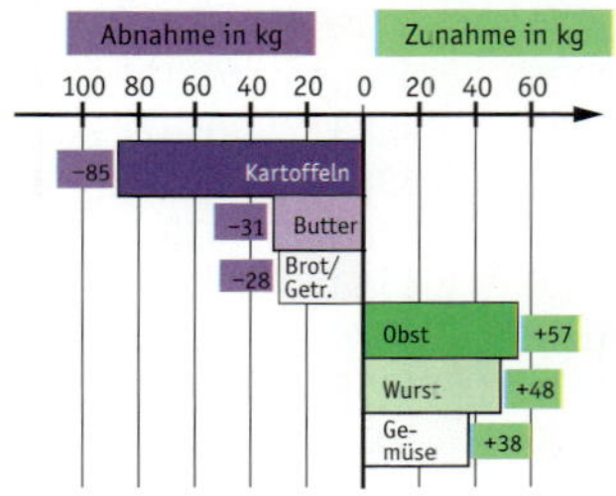

Streifendiagramm (Prozentstreifen / 100 %-Diagramm)

Bodennutzung in der BRD

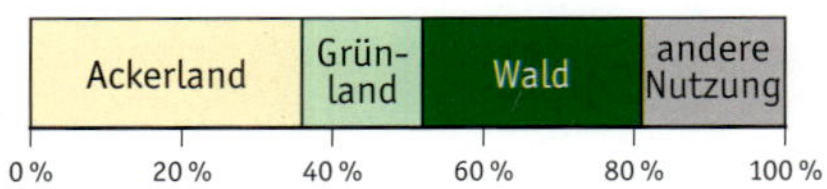

Der gesamte Streifen veranschaulicht 100 %.

$\frac{\text{Prozentzahl} \cdot \text{Streifenlänge}}{100}$ ≙ Länge des Rechtecks für den entsprechenden Anteil

$\frac{\text{Rechtecklänge} \cdot 100}{\text{Streifenlänge}}$ ≙ Prozentzahl

Kreisdiagramm (Prozentkreis)

Anteile der einzelnen Länder

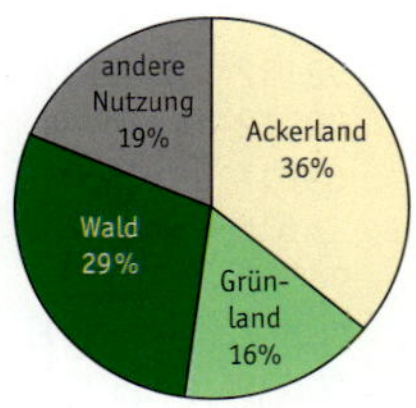

100 % ≙ 360° im Kreisdiagramm   1% ≙ 3,6°

Prozentzahl · 3,6 ≙ Gradzahl des Winkels im Kreisdiagramm

Winkel : 3,6 ≙ Anteil in Prozent

Zur Arbeit mit der Zufallszahlen-Tafel

(S. 44)

Zufallszahlen, wie sie von modernen Computer-Programmen oder Taschenrechnern auch erzeugt werden, dienen der Simulation von Zufallsexperimenten.

Dabei werden den Ergebnissen entsprechend ihrer Wahrscheinlichkeiten Zufallszahlen zugeordnet.

Simulation: Anzahl der Geburten eines Jungen oder eines Mädchens

Aus der Zufallszahlentafel werden von den Fünferblöcken jeweils die ersten 3 Zahlen betrachtet (die 4. und 5. Zahl im Block werden ignoriert). Da die Wahrscheinlichkeit für eine Jungengeburt 51,3% beträgt, werden Jungengeburten die Zahlen von 000 bis 512 zugeordnet. Mädchengeburten werden die Zahlen von 513 bis 999 zugeordnet. Liest man in der Zufallsziffertafel ab, so ergeben sich:

857 ≙ Mädchen; 918 ≙ Mädchen; 444 ≙ Junge; 338 ≙ Junge; 572 ≙ Mädchen; 468 ≙ Junge; 533 ≙ Mädchen; ...

Simulation eines Würfelexperiments

Der Augenzahl des Würfels wird die entsprechende Zahl in der Zufallszahlentafel zugeordnet. Die anderen Zahlen (7; 8; 9; 0) werden „überlesen", d.h. nicht berücksichtigt.

~~8~~ (überlesen); 5; ~~7~~ (überlesen); 2; 6; ~~9~~ (überlesen); 1; ~~8~~ (überlesen); ~~0~~ (überlesen)

~~0~~ (überlesen); 4; 4; 4; ~~7~~ (überlesen); 3; ...

Würfelergebnisse: 5; 2; 6; 1; 4; 4; 4; 3; ...

Tafeln

Zufallszahlen

(vgl. S. 43)

Zeile \ Spalte	1 … 5	10	15	20	25	30	35	40	45	50
1	85726	91800	44473	33879	57256	46801	53347	37698	95481	12644
2	35912	46575	42941	54192	37830	95715	62985	31590	02567	19904
3	04134	41695	35721	03470	60708	52331	10898	21300	94206	06239
4	82220	11237	73769	67585	44287	56025	26549	91315	81669	94355
5	68829	46548	98821	66722	24972	15233	71988	72666	62473	68093
6	19025	19865	20313	82476	06319	22237	02872	65114	85077	53993
7	27098	09888	30597	64007	33270	64414	64804	78581	75803	85313
8	56284	66881	53574	88019	05709	72679	32558	13717	75297	16816
9	90846	22388	44354	90370	06748	76070	43952	46525	86043	01524
10	23020	04348	77139	06797	44108	40008	54538	04850	07523	61673
11	04627	34374	21201	43753	05541	04825	78748	27691	61094	00198
12	93634	04152	26411	25690	04847	78534	60275	68643	91268	87412
13	19200	48050	24909	03931	93807	17765	14296	62508	05218	35982
14	22464	72223	78999	06665	12706	86874	14068	06078	04530	26157
15	45261	15143	06822	18510	42613	29510	26811	36993	74597	10096
16	70216	04903	28213	80125	93164	05587	79695	26225	41310	82845
17	20870	13685	43172	35426	55698	71768	70874	51039	70668	74234
18	69886	03090	76569	57871	87439	98184	06229	31451	08096	26697
19	74168	98132	28732	63660	27894	32319	10713	91812	39463	56982
20	36894	36342	48744	93995	96596	34495	36994	89219	01259	55064
21	23260	59617	63022	74080	95108	34933	52196	06214	10975	29670
22	64343	14616	03594	09702	03807	40157	83537	69724	91829	70988
23	04424	94082	32978	47746	33136	71409	09923	21982	96334	41724
24	39845	58692	79761	76495	74845	12092	20873	98289	00721	38192
25	93108	00578	35972	93403	87554	02369	74115	73420	34472	59394
26	89669	29464	42532	65301	39359	39458	51789	50130	42290	96642
27	23997	41279	24562	11710	29640	04379	63841	97306	64909	13241
28	39476	21079	14459	91049	53983	25602	97149	64533	90352	81455
29	03519	53995	72206	43881	52634	42270	97538	25077	07566	41970
30	24735	48193	66585	32303	16965	91385	28741	37848	93465	65286
31	00167	37764	32015	03147	63912	12803	40402	21588	39456	65403
32	73042	83143	31337	32808	82335	10952	40636	45527	32840	73629
33	27070	10753	46695	59762	17792	95672	75876	35715	81124	79194
34	61578	07773	65389	16072	28907	09368	15965	09754	08745	37999
35	30396	16365	84603	97726	80936	45989	05114	37591	51351	01490
36	29618	63080	32934	08086	13745	20354	38723	82682	82309	56457
37	36914	29825	26454	07118	95284	70398	12407	45972	56076	06571
38	69431	30297	76317	55804	42881	64313	67350	58767	18576	67406
39	68613	62789	78927	59521	71840	25481	38693	55505	12263	61622
40	21753	93972	87412	85711	50735	91267	35818	18116	78535	31988
41	00317	41878	47085	89943	38567	21965	86926	55571	99779	70815
42	42933	79424	74815	22956	52306	73305	93957	74379	31764	83323
43	07134	62283	04433	25698	31739	82651	56314	84801	42090	05541
44	52468	67807	06633	13877	98757	41847	55383	03598	94072	93837
45	39667	57959	75963	00474	19385	54740	33849	25997	40231	37951
46	97039	94295	05363	53598	07864	71081	03783	36043	02771	12695
47	46512	47320	70780	43351	69028	04943	41430	71492	66699	40622
48	95756	88023	09761	32378	60188	80373	24331	71215	23302	23073
49	13848	82771	88561	42609	33889	23634	02189	56479	13230	40789
50	19593	27258	65564	06480	83381	07755	28926	59720	94190	98928

Primzahlen, Primfaktorzerlegung der Zahlen bis 1000

(gerade Zahlen sind nicht aufgeführt – außer der Zahl 2)

2	$115 = 5 \cdot 23$	**229**	$343 = 7^3$	**457**	**571**	$685 = 5 \cdot 137$
3	$117 = 3^2 \cdot 13$	$231 = 3 \cdot 7 \cdot 11$	$345 = 3 \cdot 5 \cdot 23$	$459 = 3^3 \cdot 17$	$573 = 3 \cdot 191$	$687 = 3 \cdot 229$
5	$119 = 7 \cdot 17$	**233**	**347**	**461**	$575 = 5^2 \cdot 23$	$689 = 13 \cdot 53$
7	$121 = 11^2$	$235 = 5 \cdot 47$	**349**	**463**	**577**	**691**
$9 = 3^2$	$123 = 3 \cdot 41$	$237 = 3 \cdot 79$	$351 = 3^3 \cdot 13$	$465 = 3 \cdot 5 \cdot 31$	$579 = 3 \cdot 193$	$693 = 3^2 \cdot 7 \cdot 11$
11	$125 = 5^3$	**239**	**353**	**467**	$581 = 7 \cdot 83$	$695 = 5 \cdot 139$
13	**127**	**241**	$355 = 5 \cdot 71$	$469 = 7 \cdot 67$	$583 = 11 \cdot 53$	$697 = 17 \cdot 41$
$15 = 3 \cdot 5$	$129 = 3 \cdot 43$	$243 = 3^5$	$357 = 3 \cdot 7 \cdot 17$	$471 = 3 \cdot 157$	$585 = 3^2 \cdot 5 \cdot 13$	$699 = 3 \cdot 233$
17	**131**	$245 = 5 \cdot 7^2$	**359**	$473 = 11 \cdot 43$	**587**	**701**
19	$133 = 7 \cdot 19$	$247 = 13 \cdot 19$	$361 = 19^2$	$475 = 5^2 \cdot 19$	$589 = 19 \cdot 31$	$703 = 19 \cdot 37$
$21 = 3 \cdot 7$	$135 = 3^3 \cdot 5$	$249 = 3 \cdot 83$	$363 = 3 \cdot 11^2$	$477 = 3^2 \cdot 53$	$591 = 3 \cdot 197$	$705 = 3 \cdot 5 \cdot 47$
23	**137**	**251**	$365 = 5 \cdot 73$	**479**	**593**	$707 = 7 \cdot 101$
$25 = 5^2$	**139**	$253 = 11 \cdot 23$	**367**	$481 = 13 \cdot 37$	$595 = 5 \cdot 7 \cdot 17$	**709**
$27 = 3^3$	$141 = 3 \cdot 47$	$255 = 3 \cdot 5 \cdot 17$	$369 = 3^2 \cdot 41$	$483 = 3 \cdot 7 \cdot 23$	$597 = 3 \cdot 199$	$711 = 3^2 \cdot 79$
29	$143 = 11 \cdot 13$	**257**	$371 = 7 \cdot 53$	$485 = 5 \cdot 97$	**599**	$713 = 23 \cdot 31$
31	$145 = 5 \cdot 29$	$259 = 7 \cdot 37$	**373**	**487**	**601**	$715 = 5 \cdot 11 \cdot 13$
$33 = 3 \cdot 11$	$147 = 3 \cdot 7^2$	$261 = 3^2 \cdot 29$	$375 = 3 \cdot 5^3$	$489 = 3 \cdot 163$	$603 = 3^2 \cdot 67$	$717 = 3 \cdot 239$
$35 = 5 \cdot 7$	**149**	**263**	$377 = 13 \cdot 29$	**491**	$605 = 5 \cdot 11^2$	**719**
37	**151**	$265 = 5 \cdot 53$	**379**	$493 = 17 \cdot 29$	**607**	$721 = 7 \cdot 103$
$39 = 3 \cdot 13$	$153 = 3^2 \cdot 17$	$267 = 3 \cdot 89$	$381 = 3 \cdot 127$	$495 = 3^2 \cdot 5 \cdot 11$	$609 = 3 \cdot 7 \cdot 29$	$723 = 3 \cdot 241$
41	$155 = 5 \cdot 31$	**269**	**383**	$497 = 7 \cdot 71$	$611 = 13 \cdot 47$	$725 = 5^2 \cdot 29$
43	**157**	**271**	$385 = 5 \cdot 7 \cdot 11$	**499**	**613**	**727**
$45 = 3^2 \cdot 5$	$159 = 3 \cdot 53$	$273 = 3 \cdot 7 \cdot 13$	$387 = 3^2 \cdot 43$	$501 = 3 \cdot 167$	$615 = 3 \cdot 5 \cdot 41$	$729 = 3^6$
47	$161 = 7 \cdot 23$	$275 = 5^2 \cdot 11$	**389**	**503**	**617**	$731 = 17 \cdot 43$
$49 = 7^2$	**163**	**277**	$391 = 17 \cdot 23$	$505 = 5 \cdot 101$	**619**	**733**
$51 = 3 \cdot 17$	$165 = 3 \cdot 5 \cdot 11$	$279 = 3^2 \cdot 31$	$393 = 3 \cdot 131$	$507 = 3 \cdot 13^2$	$621 = 3^3 \cdot 23$	$735 = 3 \cdot 5 \cdot 7^2$
53	**167**	**281**	$395 = 5 \cdot 79$	**509**	$623 = 7 \cdot 89$	$737 = 11 \cdot 67$
$55 = 5 \cdot 11$	$169 = 13^2$	**283**	**397**	$511 = 7 \cdot 73$	$625 = 5^4$	**739**
$57 = 3 \cdot 19$	$171 = 3^2 \cdot 19$	$285 = 3 \cdot 5 \cdot 19$	$399 = 3 \cdot 7 \cdot 19$	$513 = 3^3 \cdot 19$	$627 = 3 \cdot 11 \cdot 19$	$741 = 3 \cdot 13 \cdot 19$
59	**173**	$287 = 7 \cdot 41$	**401**	$515 = 5 \cdot 103$	$629 = 17 \cdot 37$	**743**
61	$175 = 5^2 \cdot 7$	$289 = 17^2$	$403 = 13 \cdot 31$	$517 = 11 \cdot 47$	**631**	$745 = 5 \cdot 149$
$63 = 3^2 \cdot 7$	$177 = 3 \cdot 59$	$291 = 3 \cdot 97$	$405 = 3^4 \cdot 5$	$519 = 3 \cdot 173$	$633 = 3 \cdot 211$	$747 = 3^2 \cdot 83$
$65 = 5 \cdot 13$	**179**	**293**	$407 = 11 \cdot 37$	**521**	$635 = 5 \cdot 127$	$749 = 7 \cdot 107$
67	**181**	$295 = 5 \cdot 59$	**409**	**523**	$637 = 7^2 \cdot 13$	**751**
$69 = 3 \cdot 23$	$183 = 3 \cdot 61$	$297 = 3^3 \cdot 11$	$411 = 3 \cdot 137$	$525 = 3 \cdot 5^2 \cdot 7$	$639 = 3^2 \cdot 71$	$753 = 3 \cdot 251$
71	$185 = 5 \cdot 37$	$299 = 13 \cdot 23$	$413 = 7 \cdot 59$	$527 = 17 \cdot 31$	**641**	$755 = 5 \cdot 151$
73	$187 = 11 \cdot 17$	$301 = 7 \cdot 43$	$415 = 5 \cdot 83$	$529 = 23^2$	**643**	**757**
$75 = 3 \cdot 5^2$	$189 = 3^3 \cdot 7$	$303 = 3 \cdot 101$	$417 = 3 \cdot 139$	$531 = 3^2 \cdot 59$	$645 = 3 \cdot 5 \cdot 43$	$759 = 3 \cdot 11 \cdot 23$
$77 = 7 \cdot 11$	**191**	$305 = 5 \cdot 61$	**419**	$533 = 13 \cdot 41$	**647**	**761**
79	**193**	**307**	**421**	$535 = 5 \cdot 107$	$649 = 11 \cdot 59$	$763 = 7 \cdot 109$
$81 = 3^4$	$195 = 3 \cdot 5 \cdot 13$	$309 = 3 \cdot 103$	$423 = 3^2 \cdot 47$	$537 = 3 \cdot 179$	$651 = 3 \cdot 7 \cdot 31$	$765 = 3^2 \cdot 5 \cdot 17$
83	**197**	**311**	$425 = 5^2 \cdot 17$	$539 = 7^2 \cdot 11$	**653**	$767 = 13 \cdot 59$
$85 = 5 \cdot 17$	**199**	**313**	$427 = 7 \cdot 61$	**541**	$655 = 5 \cdot 131$	**769**
$87 = 3 \cdot 29$	$201 = 3 \cdot 67$	$315 = 3^2 \cdot 5 \cdot 7$	$429 = 3 \cdot 11 \cdot 13$	$543 = 3 \cdot 181$	$657 = 3^2 \cdot 73$	$771 = 3 \cdot 257$
89	$203 = 7 \cdot 29$	**317**	**431**	$545 = 5 \cdot 109$	**659**	**773**
$91 = 7 \cdot 13$	$205 = 5 \cdot 41$	$319 = 11 \cdot 29$	**433**	**547**	**661**	$775 = 5^2 \cdot 31$
$93 = 3 \cdot 31$	$207 = 3^2 \cdot 23$	$321 = 3 \cdot 107$	$435 = 3 \cdot 5 \cdot 29$	$549 = 3^2 \cdot 61$	$663 = 3 \cdot 13 \cdot 17$	$777 = 3 \cdot 7 \cdot 37$
$95 = 5 \cdot 19$	$209 = 11 \cdot 19$	$323 = 17 \cdot 19$	$437 = 19 \cdot 23$	$551 = 19 \cdot 29$	$665 = 5 \cdot 7 \cdot 19$	$779 = 19 \cdot 41$
97	**211**	$325 = 5^2 \cdot 13$	**439**	$553 = 7 \cdot 79$	$667 = 23 \cdot 29$	$781 = 11 \cdot 71$
$99 = 3^2 \cdot 11$	$213 = 3 \cdot 71$	$327 = 3 \cdot 109$	$441 = 3^2 \cdot 7^2$	$555 = 3 \cdot 5 \cdot 37$	$669 = 3 \cdot 223$	$783 = 3^3 \cdot 29$
101	$215 = 5 \cdot 43$	$329 = 7 \cdot 47$	**443**	**557**	$671 = 11 \cdot 61$	$785 = 5 \cdot 157$
103	$217 = 7 \cdot 31$	**331**	$445 = 5 \cdot 89$	$559 = 13 \cdot 43$	**673**	**787**
$105 = 3 \cdot 5 \cdot 7$	$219 = 3 \cdot 73$	$333 = 3^2 \cdot 37$	$447 = 3 \cdot 149$	$561 = 3 \cdot 11 \cdot 17$	$675 = 3^3 \cdot 5^2$	$789 = 3 \cdot 263$
107	$221 = 13 \cdot 17$	$335 = 5 \cdot 67$	**449**	**563**	**677**	$791 = 7 \cdot 113$
109	**223**	**337**	$451 = 11 \cdot 41$	$565 = 5 \cdot 113$	$679 = 7 \cdot 97$	$793 = 13 \cdot 61$
$111 = 3 \cdot 37$	$225 = 3^2 \cdot 5^2$	$339 = 3 \cdot 113$	$453 = 3 \cdot 151$	$567 = 3^4 \cdot 7$	$681 = 3 \cdot 227$	$795 = 3 \cdot 5 \cdot 53$
113	**227**	$341 = 11 \cdot 31$	$455 = 5 \cdot 7 \cdot 13$	**569**	**683**	**797**

799 = 17·47	**829**	**859**	889 = 7·127	**919**	949 = 13·73	979 = 11·89
801 = 3^2·89	831 = 3·277	861 = 3·7·41	891 = 3^4·11	921 = 3·307	951 = 3·317	981 = 3^2·109
803 = 11·73	833 = 7^2·17	**863**	893 = 19·47	923 = 13·71	**953**	**983**
805 = 5·7·23	835 = 5·167	865 = 5·173	895 = 5·179	925 = 5^2·37	955 = 5·191	985 = 5·197
807 = 3·269	837 = 3^3·31	867 = 3·17^2	897 = 3·13·23	927 = 3^2·103	957 = 3·11·29	987 = 3·7·47
809	**839**	869 = 11·79	899 = 29·31	**929**	959 = 7·137	989 = 23·43
811	841 = 29^2	871 = 13·67	901 = 17·53	931 = 7^2·19	961 = 31^2	**991**
813 = 3·271	843 = 3·281	873 = 3^2·97	903 = 3·7·43	933 = 3·311	963 = 3^2·107	993 = 3·331
815 = 5·163	845 = 5·13^2	875 = 5^3·7	905 = 5·181	935 = 5·11·17	965 = 5·193	995 = 5·199
817 = 19·43	847 = 7·11^2	**877**	**907**	**937**	**967**	**997**
819 = 3^2·7·13	849 = 3·283	879 = 3·293	909 = 3^2·101	939 = 3·313	969 = 3·17·19	999 = 3^3·37
821	851 = 23·37	**881**	**911**	**941**	**971**	
823	**853**	**883**	913 = 11·83	943 = 23·41	973 = 7·139	
825 = 3·5^2·11	855 = 5·3^2·19	885 = 3·5·59	915 = 3·5·61	945 = 3^3·5·7	975 = 3·5^2·13	
827	**857**	**887**	917 = 7·131	**947**	**977**	

Umrechnungstafel Gradmaß in Bogenmaß

(S. 34)

Grad	Radiant	Grad	Radiant	Grad	Radiant	Grad	Radiant	Grad	Radiant	Grad	Radiant
0,5	0,009	15,5	0,271	30,5	0,532	45,5	0,794	60,5	1,056	75,5	1,318
1	0,017	16	0,279	31	0,541	46	0,803	61	1,065	76	1,326
1,5	0,026	16,5	0,288	31,5	0,550	46,5	0,812	61,5	1,073	76,5	1,335
2	0,035	17	0,297	32	0,559	47	0,820	62	1,082	77	1,344
2,5	0,044	17,5	0,305	32,5	0,567	47,5	0,829	62,5	1,091	77,5	1,353
3	0,052	18	0,314	33	0,576	48	0,838	63	1,100	78	1,361
3,5	0,061	18,5	0,323	33,5	0,585	48,5	0,846	63,5	1,108	78,5	1,370
4	0,070	19	0,332	34	0,593	49	0,855	64	1,117	79	1,379
4,5	0,079	19,5	0,340	34,5	0,602	49,5	0,864	64,5	1,126	79,5	1,388
5	0,087	20	0,349	35	0,611	50	0,873	65	1,134	80	1,396
5,5	0,096	20,5	0,358	35,5	0,620	50,5	0,881	65,5	1,143	80,5	1,405
6	0,105	21	0,367	36	0,628	51	0,890	66	1,152	81	1,414
6,5	0,113	21,5	0,375	36,5	0,637	51,5	0,899	66,5	1,161	81,5	1,422
7	0,122	22	0,384	37	0,646	52	0,908	67	1,169	82	1,431
7,5	0,131	22,5	0,393	37,5	0,654	52,5	0,916	67,5	1,178	82,5	1,440
8	0,140	23	0,401	38	0,663	53	0,925	68	1,187	83	1,449
8,5	0,148	23,5	0,410	38,5	0,672	53,5	0,934	68,5	1,196	83,5	1,457
9	0,157	24	0,419	39	0,681	54	0,942	69	1,204	84	1,466
9,5	0,166	24,5	0,428	39,5	0,689	54,5	0,951	69,5	1,213	84,5	1,475
10	0,175	25	0,436	40	0,698	55	0,960	70	1,222	85	1,484
10,5	0,183	25,5	0,445	40,5	0,707	55,5	0,969	70,5	1,230	85,5	1,492
11	0,192	26	0,454	41	0,716	56	0,977	71	1,239	86	1,501
11,5	0,201	26,5	0,463	41,5	0,724	56,5	0,986	71,5	1,248	86,5	1,510
12	0,209	27	0,471	42	0,733	57	0,995	72	1,257	87	1,518
12,5	0,218	27,5	0,480	42,5	0,742	57,5	1,004	72,5	1,265	87,5	1,527
13	0,227	28	0,489	43	0,750	58	1,012	73	1,274	88	1,536
13,5	0,236	28,5	0,497	43,5	0,759	58,5	1,021	73,5	1,283	88,5	1,545
14	0,244	29	0,506	44	0,768	59	1,030	74	1,292	89	1,553
14,5	0,253	29,5	0,515	44,5	0,777	59,5	1,038	74,5	1,300	89,5	1,562
15	0,262	30	0,524	45	0,785	60	1,047	75	1,309	90	1,571

Ma6
Ma

Quadratzahlen; Kubikzahlen; Quadratwurzeln; Kubikwurzeln

n	n^2	n^3	$\sqrt{n}$	$\sqrt[3]{n}$
1	1	1	1,0000	1,0000
2	4	8	1,4142	1,2599
3	9	27	1,7321	1,4422
4	16	64	2,0000	1,5874
5	25	125	2,2361	1,7100
6	36	216	2,4495	1,8171
7	49	343	2,6458	1,9129
8	64	512	2,8284	2,0000
9	81	729	3,0000	2,0801
10	100	1000	3,1623	2,1544
11	121	1331	3,3166	2,2240
12	144	1728	3,4641	2,2894
13	169	2197	3,6056	2,3513
14	196	2744	3,7417	2,4101
15	225	3375	3,8730	2,4662
16	256	4096	4,0000	2,5198
17	289	4913	4,1231	2,5713
18	324	5832	4,2426	2,6207
19	361	6859	4,3589	2,6684
20	400	8000	4,4721	2,7144
21	441	9261	4,5826	2,7589
22	484	10648	4,6904	2,8020
23	529	12167	4,7958	2,8439
24	576	13824	4,8990	2,8845
25	625	15625	5,0000	2,9240
26	676	17576	5,0990	2,9625
27	729	19683	5,1962	3,0000
28	784	21952	5,2915	3,0366
29	841	24389	5,3852	3,0723
30	900	27000	5,4772	3,1072
31	961	29791	5,5678	3,1414
32	1024	32768	5,6569	3,1748
33	1089	35937	5,7446	3,2075
34	1156	39304	5,8310	3,2396
35	1225	42875	5,9161	3,2711
36	1296	46656	6,0000	3,3019
37	1369	50653	6,0828	3,3322
38	1444	54872	6,1644	3,3620
39	1521	59319	6,2450	3,3912
40	1600	64000	6,3246	3,4200
41	1681	68921	6,4031	3,4482
42	1764	74088	6,4807	3,4760
43	1849	79507	6,5574	3,5034
44	1936	85184	6,6332	3,5303
45	2025	91125	6,7082	3,5569
46	2116	97336	6,7823	3,5830
47	2209	103823	6,8557	3,6088
48	2304	110592	6,9282	3,6342
49	2401	117649	7,0000	3,6593
50	2500	125000	7,0711	3,6840

n	n^2	n^3	$\sqrt{n}$	$\sqrt[3]{n}$
51	2601	132651	7,1414	3,7084
52	2704	140608	7,2111	3,7325
53	2809	148877	7,2801	3,7563
54	2916	157464	7,3485	3,7798
55	3025	166375	7,4162	3,8030
56	3136	175616	7,4833	3,8259
57	3249	185193	7,5498	3,8485
58	3364	195112	7,6158	3,8709
59	3481	205379	7,6811	3,8930
60	3600	216000	7,7460	3,9149
61	3721	226981	7,8102	3,9365
62	3844	238328	7,8740	3,9579
63	3969	250047	7,9373	3,9791
64	4096	262144	8,0000	4,0000
65	4225	274625	8,0623	4,0207
66	4356	287496	8,1240	4,0412
67	4489	300763	8,1854	4,0615
68	4624	314432	8,2462	4,0817
69	4761	328509	8,3066	4,1016
70	4900	343000	8,3666	4,1213
71	5041	357911	8,4261	4,1408
72	5184	373248	8,4853	4,1602
73	5329	389017	8,5440	4,1793
74	5476	405224	8,6023	4,1983
75	5625	421875	8,6603	4,2172
76	5776	438976	8,7178	4,2358
77	5929	456533	8,7750	4,2543
78	6084	474552	8,8318	4,2727
79	6241	493039	8,8882	4,2908
80	6400	512000	8,9443	4,3089
81	6561	531441	9,0000	4,3267
82	6724	551368	9,0554	4,3445
83	6889	571787	9,1104	4,3621
84	7056	592704	9,1652	4,3795
85	7225	614125	9,2195	4,3968
86	7396	636056	9,2736	4,4140
87	7569	658503	9,3274	4,4310
88	7744	681472	9,3808	4,4480
89	7921	704969	9,4340	4,4647
90	8100	729000	9,4868	4,4814
91	8281	753571	9,5394	4,4979
92	8464	778688	9,5917	4,5144
93	8649	804357	9,6437	4,5307
94	8836	830584	9,6954	4,5468
95	9025	857375	9,7468	4,5629
96	9216	884736	9,7980	4,5789
97	9409	912673	9,8489	4,5947
98	9604	941192	9,8995	4,6104
99	9801	970299	9,9499	4,6261
100	10000	1000000	10,0000	4,6416

Kreisflächeninhalt

$A = \frac{\pi}{4} d^2$ d Variable für den Zahlenwert des Durchmessers eines Kreises

d	0	1	2	3	4	5	6	7	8	9
1,0	0,785	0,801	0,817	0,833	0,849	0,866	0,882	0,899	0,916	0,933
1,1	0,950	0,968	0,985	1,003	1,021	1,039	1,057	1,075	1,094	1,112
1,2	1,131	1,150	1,169	1,188	1,208	1,227	1,247	1,267	1,287	1,307
1,3	1,327	1,348	1,368	1,389	1,410	1,431	1,453	1,474	1,496	1,517
1,4	1,539	1,561	1,584	1,606	1,629	1,651	1,674	1,697	1,720	1,744
1,5	1,767	1,791	1,815	1,839	1,863	1,887	1,911	1,936	1,961	1,986
1,6	2,011	2,036	2,061	2,087	2,112	2,138	2,164	2,190	2,217	2,243
1,7	2,270	2,297	2,324	2,351	2,378	2,405	2,433	2,461	2,488	2,516
1,8	2,545	2,573	2,602	2,630	2,659	2,688	2,717	2,746	2,776	2,806
1,9	2,835	2,865	2,895	2,926	2,956	2,986	3,017	3,048	3,079	3,110
2,0	3,142	3,173	3,205	3,237	3,269	3,301	3,333	3,365	3,398	3,431
2,1	3,464	3,497	3,530	3,563	3,597	3,631	3,664	3,698	3,733	3,767
2,2	3,801	3,836	3,871	3,906	3,941	3,976	4,011	4,047	4,083	4,119
2,3	4,155	4,191	4,227	4,264	4,301	4,337	4,374	4,412	4,449	4,486
2,4	4,524	4,562	4,600	4,638	4,676	4,714	4,753	4,792	4,831	4,870
2,5	4,909	4,948	4,988	5,027	5,067	5,107	5,147	5,187	5,228	5,269
2,6	5,309	5,350	5,391	5,433	5,474	5,515	5,557	5,599	5,641	5,683
2,7	5,726	5,768	5,811	5,853	5,896	5,940	5,983	6,026	6,070	6,114
2,8	6,158	6,202	6,246	6,290	6,335	6,379	6,424	6,469	6,514	6,560
2,9	6,605	6,651	6,697	6,743	6,789	6,835	6,881	6,928	6,975	7,022
3,0	7,069	7,116	7,163	7,211	7,258	7,306	7,354	7,402	7,451	7,499
3,1	7,548	7,596	7,645	7,694	7,744	7,793	7,843	7,892	7,942	7,992
3,2	8,042	8,093	8,143	8,194	8,245	8,296	8,347	8,398	8,450	8,501
3,3	8,553	8,605	8,657	8,709	8,762	8,814	8,867	8,920	8,973	9,026
3,4	9,079	9,133	9,186	9,240	9,294	9,348	9,402	9,457	9,511	9,566
3,5	9,621	9,676	9,731	9,787	9,842	9,898	9,954	10,010	10,066	10,122
3,6	10,179	10,235	10,292	10,349	10,406	10,463	10,521	10,578	10,636	10,694
3,7	10,752	10,810	10,869	10,927	10,986	11,045	11,104	11,163	11,222	11,282
3,8	11,341	11,401	11,461	11,521	11,581	11,642	11,702	11,763	11,824	11,885
3,9	11,946	12,007	12,069	12,130	12,192	12,254	12,316	12,379	12,441	12,504
4,0	12,566	12,629	12,692	12,756	12,819	12,882	12,946	13,010	13,074	13,138
4,1	13,203	13,267	13,332	13,396	13,461	13,527	13,592	13,657	13,723	13,789
4,2	13,854	13,920	13,987	14,053	14,120	14,186	14,253	14,320	14,387	14,455
4,3	14,522	14,590	14,657	14,725	14,793	14,862	14,930	14,999	15,067	15,136
4,4	15,205	15,275	15,344	15,413	15,483	15,553	15,623	15,693	15,763	15,834
4,5	15,904	15,975	16,046	16,117	16,188	16,260	16,331	16,403	16,475	16,547
4,6	16,619	16,691	16,764	16,837	16,909	16,982	17,055	17,129	17,202	17,276
4,7	17,349	17,423	17,497	17,572	17,646	17,721	17,795	17,870	17,945	18,020
4,8	18,096	18,171	18,247	18,322	18,398	18,475	18,551	18,627	18,704	18,781
4,9	18,857	18,934	19,012	19,089	19,167	19,244	19,322	19,400	19,478	19,556
5,0	19,635	19,714	19,792	19,871	19,950	20,030	20,109	20,189	20,268	20,348
5,1	20,428	20,508	20,589	20,669	20,750	20,831	20,912	20,993	21,074	21,156
5,2	21,237	21,319	21,401	21,483	21,565	21,648	21,730	21,813	21,896	21,979
5,3	22,062	22,145	22,229	22,312	22,396	22,480	22,564	22,648	22,733	22,817
5,4	22,902	22,987	23,072	23,157	23,243	23,328	23,414	23,500	23,586	23,672

Rückt das Komma in d um *eine* Stelle nach rechts (links), so rückt es in A um *zwei* Stellen nach rechts (links). (vgl. S. 26)

Kreisflächeninhalt

$A = \frac{\pi}{4} d^2$

d Variable für den Zahlenwert des Durchmessers eines Kreises

d	0	1	2	3	4	5	6	7	8	9
5,5	23,758	23,845	23,931	24,018	24,105	24,192	24,279	24,367	24,454	24,542
5,6	24,630	24,718	24,806	24,895	24,983	25,072	25,161	25,250	25,339	25,428
5,7	25,518	25,607	25,697	25,787	25,877	25,967	26,058	26,148	26,239	26,330
5,8	26,421	26,512	26,603	26,695	26,786	26,878	26,970	27,062	27,155	27,247
5,9	27,340	27,432	27,525	27,618	27,712	27,805	27,899	27,992	28,086	28,180
6,0	28,274	28,369	28,463	28,558	28,653	28,748	28,843	28,938	29,033	29,129
6,1	29,225	29,321	29,417	29,513	29,609	29,706	29,802	29,899	29,996	30,093
6,2	30,191	30,288	30,386	30,484	30,582	30,680	30,778	30,876	30,975	31,074
6,3	31,172	31,271	31,371	31,470	31,570	31,669	31,769	31,869	31,969	32,069
6,4	32,170	32,271	32,371	32,472	32,573	32,675	32,776	32,877	32,979	33,081
6,5	33,183	33,285	33,388	33,490	33,593	33,696	33,799	33,902	34,005	34,108
6,6	34,212	34,316	34,420	34,524	34,628	34,732	34,837	34,942	35,046	35,151
6,7	35,257	35,362	35,467	35,573	35,679	35,785	35,891	35,997	36,103	36,210
6,8	36,317	36,424	36,531	36,638	36,745	36,853	36,961	37,068	37,176	37,285
6,9	37,393	37,501	37,610	37,719	37,828	37,937	38,046	38,155	38,265	38,375
7,0	38,485	38,595	38,705	38,815	38,926	39,036	39,147	39,258	39,369	39,480
7,1	39,592	39,704	39,815	39,927	40,039	40,152	40,264	40,376	40,489	40,602
7,2	40,715	40,828	40,942	41,055	41,169	41,282	41,396	41,511	41,625	41,739
7,3	41,854	41,969	42,084	42,199	42,314	42,429	42,545	42,660	42,776	42,892
7,4	43,008	43,125	43,241	43,358	43,475	43,592	43,709	43,826	43,943	44,061
7,5	44,179	44,297	44,415	44,533	44,651	44,770	44,888	45,007	45,126	45,245
7,6	45,365	45,484	45,604	45,723	45,843	45,963	46,084	46,204	46,325	46,445
7,7	46,566	46,687	46,808	46,930	47,051	47,173	47,295	47,417	47,539	47,661
7,8	47,784	47,906	48,029	48,152	48,275	48,398	48,522	48,645	48,769	48,893
7,9	49,017	49,141	49,265	49,390	49,514	49,639	49,764	49,889	50,014	50,140
8,0	50,265	50,391	50,517	50,643	50,769	50,896	51,022	51,149	51,276	51,403
8,1	51,530	51,657	51,785	51,912	52,040	52,168	52,296	52,424	52,553	52,681
8,2	52,810	52,939	53,068	53,197	53,327	53,456	53,586	53,716	53,846	53,976
8,3	54,106	54,237	54,367	54,498	54,629	54,760	54,891	55,023	55,154	55,286
8,4	55,418	55,550	55,682	55,814	55,947	56,079	56,212	56,345	56,478	56,612
8,5	56,745	56,879	57,012	57,146	57,280	57,415	57,549	57,683	57,818	57,953
8,6	58,088	58,223	58,359	58,494	58,630	58,765	58,901	59,038	59,174	59,310
8,7	59,447	59,584	59,720	59,857	59,995	60,132	60,270	60,407	60,545	60,683
8,8	60,821	60,960	61,098	61,237	61,375	61,514	61,653	61,793	61,932	62,072
8,9	62,211	62,351	62,491	62,631	62,772	62,912	63,053	63,194	63,335	63,476
9,0	63,617	63,759	63,900	64,042	64,184	64,326	64,468	64,611	64,753	64,896
9,1	65,039	65,182	65,325	65,468	65,612	65,755	65,899	66,043	66,187	66,332
9,2	66,476	66,621	66,765	66,910	67,055	67,201	67,346	67,492	67,637	67,783
9,3	67,929	68,075	68,222	68,368	68,515	68,661	68,808	68,956	69,103	69,250
9,4	69,398	69,546	69,693	69,841	69,990	70,138	70,287	70,435	70,584	70,733
9,5	70,882	71,031	71,181	71,331	71,480	71,630	71,780	71,931	72,081	72,232
9,6	72,382	72,533	72,684	72,835	72,987	73,138	73,290	73,442	73,594	73,746
9,7	73,898	74,051	74,203	74,356	74,509	74,662	74,815	74,969	75,122	75,276
9,8	75,430	75,584	75,738	75,892	76,047	76,201	76,356	76,511	76,666	76,821
9,9	76,977	77,132	77,288	77,444	77,600	77,756	77,913	78,069	78,226	78,383

d = 9,14	d = 91,4	A = 10,463	A = 103,9	A = 1046,3	A = 60
A ≈ 65,612	A ≈ 6561,2	d ≈ 3,65	d ≈ 11,5	d ≈ 36,5	d ≈ 8,74

Die Funktionen y = sin x und y = cos x

(S. 35)

sin 0° ... sin 45°

Grad	0,0	0,1	0,2	0,3	0,4	0,5	0,6	0,7	0,8	0,9	1,0	
0	0,0000	0,00175	0,00349	0,00524	0,00698	0,00873	0,01047	0,0122	0,0140	0,0157	0,0175	89
1	0,0175	0,0192	0,0209	0,0227	0,0244	0,0262	0,0279	0,0297	0,0314	0,0332	0,0349	88
2	0,0349	0,0366	0,0384	0,0401	0,0419	0,0436	0,0454	0,0471	0,0488	0,0506	0,0523	87
3	0,0523	0,0541	0,0558	0,0576	0,0593	0,0610	0,0628	0,0645	0,0663	0,0680	0,0698	86
4	0,0698	0,0715	0,0732	0,0750	0,0767	0,0785	0,0802	0,0819	0,0837	0,0854	0,0872	85
5	0,0872	0,0889	0,0906	0,0924	0,0941	0,0958	0,0976	0,0993	0,1011	0,1028	0,1045	84
6	0,1045	0,1063	0,1080	0,1097	0,1115	0,1132	0,1149	0,1167	0,1184	0,1201	0,1219	83
7	0,1219	0,1236	0,1253	0,1271	0,1288	0,1305	0,1323	0,1340	0,1357	0,1374	0,1392	82
8	0,1392	0,1409	0,1426	0,1444	0,1461	0,1478	0,1495	0,1513	0,1530	0,1547	0,1564	81
9	0,1564	0,1582	0,1599	0,1616	0,1633	0,1650	0,1668	0,1685	0,1702	0,1719	0,1736	80
10	0,1736	0,1754	0,1771	0,1788	0,1805	0,1822	0,1840	0,1857	0,1874	0,1891	0,1908	79
11	0,1908	0,1925	0,1942	0,1959	0,1977	0,1994	0,2011	0,2028	0,2045	0,2062	0,2079	78
12	0,2079	0,2096	0,2113	0,2130	0,2147	0,2164	0,2181	0,2198	0,2215	0,2233	0,2250	77
13	0,2250	0,2267	0,2284	0,2300	0,2317	0,2334	0,2351	0,2368	0,2385	0,2402	0,2419	76
14	0,2419	0,2436	0,2453	0,2470	0,2487	0,2504	0,2521	0,2538	0,2554	0,2571	0,2588	75
15	0,2588	0,2605	0,2622	0,2639	0,2656	0,2672	0,2689	0,2706	0,2723	0,2740	0,2756	74
16	0,2756	0,2773	0,2790	0,2807	0,2823	0,2840	0,2857	0,2874	0,2890	0,2907	0,2924	73
17	0,2924	0,2940	0,2957	0,2974	0,2990	0,3007	0,3024	0,3040	0,3057	0,3074	0,3090	72
18	0,3090	0,3107	0,3123	0,3140	0,3156	0,3173	0,3190	0,3206	0,3223	0,3239	0,3256	71
19	0,3256	0,3272	0,3289	0,3305	0,3322	0,3338	0,3355	0,3371	0,3387	0,3404	0,3420	70
20	0,3420	0,3437	0,3453	0,3469	0,3486	0,3502	0,3518	0,3535	0,3551	0,3567	0,3584	69
21	0,3584	0,3600	0,3616	0,3633	0,3649	0,3665	0,3681	0,3697	0,3714	0,3730	0,3746	68
22	0,3746	0,3762	0,3778	0,3795	0,3811	0,3827	0,3843	0,3859	0,3875	0,3891	0,3907	67
23	0,3907	0,3923	0,3939	0,3955	0,3971	0,3987	0,4003	0,4019	0,4035	0,4051	0,4067	66
24	0,4067	0,4083	0,4099	0,4115	0,4131	0,4147	0,4163	0,4179	0,4195	0,4210	0,4226	65
25	0,4226	0,4242	0,4258	0,4274	0,4289	0,4305	0,4321	0,4337	0,4352	0,4368	0,4384	64
26	0,4384	0,4399	0,4415	0,4431	0,4446	0,4462	0,4478	0,4493	0,4509	0,4524	0,4540	63
27	0,4540	0,4555	0,4571	0,4586	0,4602	0,4617	0,4633	0,4648	0,4664	0,4679	0,4695	62
28	0,4695	0,4710	0,4726	0,4741	0,4756	0,4772	0,4787	0,4802	0,4818	0,4833	0,4848	61
29	0,4848	0,4863	0,4879	0,4894	0,4909	0,4924	0,4939	0,4955	0,4970	0,4985	0,5000	60
30	0,5000	0,5015	0,5030	0,5045	0,5060	0,5075	0,5090	0,5105	0,5120	0,5135	0,5150	59
31	0,5150	0,5165	0,5180	0,5195	0,5210	0,5225	0,5240	0,5255	0,5270	0,5284	0,5299	58
32	0,5299	0,5314	0,5329	0,5344	0,5358	0,5373	0,5388	0,5402	0,5417	0,5432	0,5446	57
33	0,5446	0,5461	0,5476	0,5490	0,5505	0,5519	0,5534	0,5548	0,5563	0,5577	0,5592	56
34	0,5592	0,5606	0,5621	0,5635	0,5650	0,5664	0,5678	0,5693	0,5707	0,5721	0,5736	55
35	0,5736	0,5750	0,5764	0,5779	0,5793	0,5807	0,5821	0,5835	0,5850	0,5864	0,5878	54
36	0,5878	0,5892	0,5906	0,5920	0,5934	0,5948	0,5962	0,5976	0,5990	0,6004	0,6018	53
37	0,6018	0,6032	0,6046	0,6060	0,6074	0,6088	0,6101	0,6115	0,6129	0,6143	0,6157	52
38	0,6157	0,6170	0,6184	0,6198	0,6211	0,6225	0,6239	0,6252	0,6266	0,6280	0,6293	51
39	0,6293	0,6307	0,6320	0,6334	0,6347	0,6361	0,6374	0,6388	0,6401	0,6414	0,6428	50
40	0,6428	0,6441	0,6455	0,6468	0,6481	0,6494	0,6508	0,6521	0,6534	0,6547	0,6561	49
41	0,6561	0,6574	0,6587	0,6600	0,6613	0,6626	0,6639	0,6652	0,6665	0,6678	0,6691	48
42	0,6691	0,6704	0,6717	0,6730	0,6743	0,6756	0,6769	0,6782	0,6794	0,6807	0,6820	47
43	0,6820	0,6833	0,6845	0,6858	0,6871	0,6884	0,6896	0,6909	0,6921	0,6934	0,6947	46
44	0,6947	0,6959	0,6972	0,6984	0,6997	0,7009	0,7022	0,7034	0,7046	0,7059	0,7071	45
	1,0	0,9	0,8	0,7	0,6	0,5	0,4	0,3	0,2	0,1	0,0	Grad

cos 45° ... cos 90°

sin 36° = cos 54° ≈ 0,5878

sin 208° = sin(180° + 28°) = −sin 28° ≈ −0,4695

sin 127° = sin(90° + 37°) = cos 37° ≈ 0,7986

sin 312° = sin(270° + 42°) = −cos 42° ≈ −0,7431

Die Funktionen y = sin x und y = cos x

sin 45° ... sin 90°

Grad	0,0	0,1	0,2	0,3	0,4	0,5	0,6	0,7	0,8	0,9	1,0	
45	0,7071	0,70834	0,70957	0,71080	0,71203	0,71325	0,71447	0,7157	0,7169	0,7181	0,7193	44
46	0,7193	0,7206	0,7218	0,7230	0,7242	0,7254	0,7266	0,7278	0,7290	0,7302	0,7314	43
47	0,7314	0,7325	0,7337	0,7349	0,7361	0,7373	0,7385	0,7396	0,7408	0,7420	0,7431	42
48	0,7431	0,7443	0,7455	0,7466	0,7478	0,7490	0,7501	0,7513	0,7524	0,7536	0,7547	41
49	0,7547	0,7559	0,7570	0,7581	0,7593	0,7604	0,7615	0,7627	0,7638	0,7649	0,7660	40
50	0,7660	0,7672	0,7683	0,7694	0,7705	0,7716	0,7727	0,7738	0,7749	0,7760	0,7771	39
51	0,7771	0,7782	0,7793	0,7804	0,7815	0,7826	0,7837	0,7848	0,7859	0,7869	0,7880	38
52	0,7880	0,7891	0,7902	0,7912	0,7923	0,7934	0,7944	0,7955	0,7965	0,7976	0,7986	37
53	0,7986	0,7997	0,8007	0,8018	0,8028	0,8039	0,8049	0,8059	0,8070	0,8080	0,8090	36
54	0,8090	0,8100	0,8111	0,8121	0,8131	0,8141	0,8151	0,8161	0,8171	0,8181	0,8192	35
55	0,8192	0,8202	0,8211	0,8221	0,8231	0,8241	0,8251	0,8261	0,8271	0,8281	0,8290	34
56	0,8290	0,8300	0,8310	0,8320	0,8329	0,8339	0,8348	0,8358	0,8368	0,8377	0,8387	33
57	0,8387	0,8396	0,8406	0,8415	0,8425	0,8434	0,8443	0,8453	0,8462	0,8471	0,8480	32
58	0,8480	0,8490	0,8499	0,8508	0,8517	0,8526	0,8536	0,8545	0,8554	0,8563	0,8572	31
59	0,8572	0,8581	0,8590	0,8599	0,8607	0,8616	0,8625	0,8634	0,8643	0,8652	0,8660	30
60	0,8660	0,8669	0,8678	0,8686	0,8695	0,8704	0,8712	0,8721	0,8729	0,8738	0,8746	29
61	0,8746	0,8755	0,8763	0,8771	0,8780	0,8788	0,8796	0,8805	0,8813	0,8821	0,8829	28
62	0,8829	0,8838	0,8846	0,8854	0,8862	0,8870	0,8878	0,8886	0,8894	0,8902	0,8910	27
63	0,8910	0,8918	0,8926	0,8934	0,8942	0,8949	0,8957	0,8965	0,8973	0,8980	0,8988	26
64	0,8988	0,8996	0,9003	0,9011	0,9018	0,9026	0,9033	0,9041	0,9048	0,9056	0,9063	25
65	0,9063	0,9070	0,9078	0,9085	0,9092	0,9100	0,9107	0,9114	0,9121	0,9128	0,9135	24
66	0,9135	0,9143	0,9150	0,9157	0,9164	0,9171	0,9178	0,9184	0,9191	0,9198	0,9205	23
67	0,9205	0,9212	0,9219	0,9225	0,9232	0,9239	0,9245	0,9252	0,9259	0,9265	0,9272	22
68	0,9272	0,9278	0,9285	0,9291	0,9298	0,9304	0,9311	0,9317	0,9323	0,9330	0,9336	21
69	0,9336	0,9342	0,9348	0,9354	0,9361	0,9367	0,9373	0,9379	0,9385	0,9391	0,9397	20
70	0,9397	0,9403	0,9409	0,9415	0,9421	0,9426	0,9432	0,9438	0,9444	0,9449	0,9455	19
71	0,9455	0,9461	0,9466	0,9472	0,9478	0,9483	0,9489	0,9494	0,9500	0,9505	0,9511	18
72	0,9511	0,9516	0,9521	0,9527	0,9532	0,9537	0,9542	0,9548	0,9553	0,9558	0,9563	17
73	0,9563	0,9568	0,9573	0,9578	0,9583	0,9588	0,9593	0,9598	0,9603	0,9608	0,9613	16
74	0,9613	0,9617	0,9622	0,9627	0,9632	0,9636	0,9641	0,9646	0,9650	0,9655	0,9659	15
75	0,9659	0,9664	0,9668	0,9673	0,9677	0,9681	0,9686	0,9690	0,9694	0,9699	0,9703	14
76	0,9703	0,9707	0,9711	0,9715	0,9720	0,9724	0,9728	0,9732	0,9736	0,9740	0,9744	13
77	0,9744	0,9748	0,9751	0,9755	0,9759	0,9763	0,9767	0,9770	0,9774	0,9778	0,9781	12
78	0,9781	0,9785	0,9789	0,9792	0,9796	0,9799	0,9803	0,9806	0,9810	0,9813	0,9816	11
79	0,9816	0,9820	0,9823	0,9826	0,9829	0,9833	0,9836	0,9839	0,9842	0,9845	0,9848	10
80	0,9848	0,9851	0,9854	0,9857	0,9860	0,9863	0,9866	0,9869	0,9871	0,9874	0,9877	9
81	0,9877	0,9880	0,9882	0,9885	0,9888	0,9890	0,9893	0,9895	0,9898	0,9900	0,9903	8
82	0,9903	0,9905	0,9907	0,9910	0,9912	0,9914	0,9917	0,9919	0,9921	0,9923	0,9925	7
83	0,9925	0,9928	0,9930	0,9932	0,9934	0,9936	0,9938	0,9940	0,9942	0,9943	0,9945	6
84	0,9945	0,9947	0,9949	0,9951	0,9952	0,9954	0,9956	0,9957	0,9959	0,9960	0,9962	5
85	0,9962	0,9963	0,9965	0,9966	0,9968	0,9969	0,9971	0,9972	0,9973	0,9974	0,9976	4
86	0,9976	0,9977	0,9978	0,9979	0,9980	0,9981	0,9982	0,9983	0,9984	0,9985	0,9986	3
87	0,9986	0,9987	0,9988	0,9989	0,9990	0,9990	0,9991	0,9992	0,9993	0,9993	0,9994	2
88	0,9994	0,9995	0,9995	0,9996	0,9996	0,9997	0,9997	0,9997	0,9998	0,9998	0,9998	1
89	0,9998	0,9999	0,9999	0,9999	0,9999	1,0000	1,0000	1,0000	1,0000	1,0000	1,0000	0
	1,0	0,9	0,8	0,7	0,6	0,5	0,4	0,3	0,2	0,1	0,0	Grad

cos 0° ... cos 45°

cos 148° = cos(90° + 58°) = −sin 58° ≈ −0,8480

cos 227° = cos(180° + 47°) = −cos 47° ≈ −0,6820

cos 325° = cos(270° + 55°) = sin 55° ≈ 0,8192

Größen, Einheiten und Naturkonstanten

Größen und Einheiten im Überblick

SI-Basiseinheiten sind rot hervorgehoben.

Größe	Formelzeichen	Einheiten		Beziehungen zwischen den Einheiten		
Aktivität einer radioaktiven Substanz (S. 76)	A	Becquerel	Bq	1 Bq	= 1 Zerfall je Sekunde	
Amplitude (S. 69)	y_{max}	Meter	m	s. Länge		
Auslenkung (S. 69)	y	Meter	m	s. Länge		
Arbeit (S. 67, 72)	W	Joule	J	1 J	$= 1 \frac{kg \cdot m^2}{s^2}$	
mechanische		Newtonmeter	Nm		= 1 Nm	
elektrische		Wattsekunde	Ws		= 1 Ws	
		Kilowattstunde	kWh	1 kWh	= 3 600 000 Ws	(S. 55)
Atommasse, relative (S. 76)	A_r		1			
Beschleunigung (S. 66)	a, g	Meter je Quadratsekunde	$\frac{m}{s^2}$	$1 \frac{m}{s^2}$	$= 1 \frac{N}{kg}$	
Brennweite (S. 76)	f	Meter	m	s. Länge		
Dichte (S. 68)	ρ	Gramm je Kubikzentimeter	$\frac{g}{cm^3}$	$1 \frac{g}{cm^3}$	$= 1\,000 \frac{kg}{m^3}$	
		Kilogramm je Kubikmeter	$\frac{kg}{m^3}$	$1 \frac{kg}{m^3}$	$= \frac{1}{1000} \frac{g}{cm^3}$	
Drehmoment (S. 65)	M	Newtonmeter	Nm	1 Nm	$= 1 \frac{kg \cdot m^2}{s^2}$	
Drehzahl (S. 66)	n	je Sekunde	$\frac{1}{s}$	$1 \frac{1}{s}$	$= 60 \frac{1}{min}$	
Druck (S. 68)	p	Pascal	Pa	1 Pa	$= 1 \frac{N}{m^2}$	
		Bar	bar	1 bar	= 100 000 Pa	(S. 55)
Energie (S. 67)	E	Joule	J	1 J	$= 1 \frac{kg \cdot m^2}{s^2}$	
		Newtonmeter	Nm		= 1 Nm	
		Wattsekunde	Ws		= 1 Ws	
		Steinkohleneinheit	SKE	1 kg SKE	= 29,3 MJ	(S. 55)
Fallbeschleunigung, Ortsfaktor (S. 64, 66)	g	Meter je Quadratsekunde	$\frac{m}{s^2}$	$1 \frac{m}{s^2}$	$= 1 \frac{N}{kg}$	(S. 54)
Fläche (S. 68)	A	Quadratmeter	m^2			(S. 10)
Frequenz (S. 69, 75)	f	Hertz	Hz	1 Hz	$= \frac{1}{s}$	
Geschwindigkeit (S. 65, 66)	v	Meter je Sekunde	$\frac{m}{s}$	$1 \frac{m}{s}$	$= 3{,}6 \frac{km}{h}$	
	c	Kilometer je Stunde	$\frac{km}{h}$	$1 \frac{km}{h}$	$= \frac{1}{3,6} \frac{m}{s} \approx 0{,}28 \frac{m}{s}$	

Größe	Formelzeichen	Einheiten		Beziehungen zwischen den Einheiten
Halbwertszeit (S. 76)	$T_{1/2}$	Sekunden	s	s. Zeit
Heizwert (S. 70)	H	Megajoule je Kilogramm	$\frac{MJ}{kg}$	$1\ \frac{MJ}{kg} = 1\,000\,000\ \frac{J}{kg}$
Höhe (S. 67)	h	Meter	m	s. Länge
Kraft (S. 64, 70) **Gewichtskraft** **Reibungskraft** **Auftriebskraft**	F F_G F_R F_A	Newton	N	$1\ N = 1\ \frac{kg \cdot m}{s^2}$ $= 1\ \frac{J}{m}$
Ladung, elektrische (S. 72)	Q	Coulomb	C	1 C = 1 As
Länge (S. 72)	l	**Meter**	**m**	(S. 10)
Längenausdehnungskoeffizient (S. 72)	α	je Kelvin	$\frac{1}{K}$	
Lautstärke (Lautstärkepegel) (S. 58)	L_N	Phon Dezibel A	phon dB(A)	1 phon = 1 dB(A) für 1 kHz
Leistung (S. 67, 72)	P	Watt	W	$1\ W = 1\ \frac{J}{s}$ $= 1\ V \cdot A$ $= 1\ \frac{kg \cdot m^2}{s^3}$ $= 1\ \frac{Nm}{s}$ (S. 55)
Masse (S. 64)	m	**Kilogramm** Tonne	**kg** t	1 kg = 1 000 g 1 t = 1 000 kg (S. 10)
Reibungszahl (S. 64)	μ		1	
Schwingungsdauer, Periodendauer (S. 69)	T	Sekunde	s	s. Zeit
Spannung, elektrische (S. 72)	U	Volt	V	
spezifischer elektrischer Widerstand (S. 72)	ρ	Ohm mal Quadratmillimeter je Meter	$\frac{\Omega \cdot mm^2}{m}$	$1\ \frac{\Omega \cdot mm^2}{m} = \frac{1}{1000000}\ \Omega \cdot m$
spezifische Wärmekapazität (S. 70)	c	Joule je Kilogramm mal Kelvin	$\frac{J}{kg \cdot K}$	$1\ \frac{J}{kg \cdot K} = 1\ \frac{Ws}{kg \cdot K}$
Stromstärke, elektrische (S. 72)	I	**Ampere**	**A**	$1\ A = 1\frac{C}{s}$
Temperatur (S. 71)	T ϑ	**Kelvin** Grad Celsius	**K** °C	0 K = −273,15 °C 0 °C = 273,15 K (S. 10)
Volumen (S. 71, 72)	V	Kubikmeter	m^3	(S. 10)

Größe	Formelzeichen	Einheiten		Beziehungen zwischen den Einheiten	
Wärme (S. 70)	Q	Joule	J	1 J = 1 Nm = 1 $\frac{kg \cdot m^2}{s^2}$ = 1 Ws	(S. 55)
Weg (S. 65, 66, 67)	s	Meter	m	s. Länge	
Wellenlänge (S. 69)	λ	Meter	m	s. Länge	
Widerstand, elektrischer (S. 72)	R	Ohm	Ω	1 Ω = 1 $\frac{V}{A}$	
Wirkungsgrad (S. 67, 71)	η		1 oder in %		
Zeit (S. 65, 66, 69)	t	**Sekunde**	**s**		(S. 10)

Naturkonstanten

Konstante		Formelzeichen	Wert der Konstanten
absoluter Nullpunkt		T_o	0 K = −273,15 °C
atomare Masseeinheit		u	$1{,}66 \cdot \frac{1}{10^{27}}$ kg
AVOGADRO-Konstante (AVOGADRO-Zahl)		N_A	$6{,}022 \cdot 10^{23} \frac{1}{mol}$
Fallbeschleunigung, Ortsfaktor (mittlerer Wert)		g	$9{,}807 \frac{m}{s^2} \approx 9{,}81 \frac{m}{s^2}$
Gravitationskonstante		G, γ	$6{,}673 \cdot \frac{1}{10^{11}} \frac{N \cdot m^2}{kg^2}$
Lichtgeschwindigkeit im Vakuum		c	$299\,792{,}458 \frac{km}{s} \approx 300\,000 \frac{km}{s}$
Normdruck (normaler Luftdruck)		p_n	101 325 Pa = 1,013 25 bar
Normtemperatur		T_n, ϑ_n	273,15 K 0 °C
Elektron	Ladung (Elementarladung)	e	$1{,}602 \cdot \frac{1}{10^{19}}$ C
	Ruhemasse	m_e	$9{,}109 \cdot \frac{1}{10^{31}}$ kg
	spezifische Ladung	$\frac{e}{m_e}$	$1{,}759 \cdot 10^{11} \frac{C}{kg}$
Neutron	Ruhemasse	m_n	$1{,}675 \cdot \frac{1}{10^{27}}$ kg
Proton	Ruhemasse	m_p	$1{,}673 \cdot \frac{1}{10^{27}}$ kg

Umrechnungen zwischen Einheiten

Einheiten der Arbeit, Energie, Wärme

Einheit	Umrechnungsfaktor in			
	J, Ws, Nm	kWh	kcal	kg SKE
1 Joule (1 J) 1 Wattsekunde (1 Ws) 1 Newtonmeter (1 Nm)	1	0,000 000 277 8	0,000 238 8	0,000 000 034 1
1 Kilowattstunde (1 kWh)	3 600 000	1	860	0,123
1 Kilokalorie (1 kcal)	4190	0,001 16	1	0,000 143
1 kg Steinkohlen-einheit (1 kg SKE)	29 300 000	8,14	7 000	1

Einheiten der Leistung

Einheit	Umrechnungsfaktor in			
	W, $\frac{J}{s}$, $\frac{Nm}{s}$	kW	$\frac{kcal}{h}$	PS
1 Watt (1 W) 1 Joule je Sekunde (1 $\frac{J}{s}$) 1 Newtonmeter je Sekunde (1 $\frac{Nm}{s}$)	1	0,001	0,86	0,001 36
1 Kilowatt (1 kW)	1 000	1	860	1,36
1 Kilokalorie je Stunde (1 $\frac{kcal}{h}$)	1,16	0,001 16	1	0,001 58
1 Pferdestärke (1 PS)	736	0,736	632	1

Einheiten des Druckes

Einheit	Umrechnungsfaktor in			
	Pa	bar	at	Torr
1 Pascal (1 Pa)	1	0,000 01	0,000 010 2	0,007 5
1 Bar (1 bar)	100 000	1	1,02	750
1 Atmosphäre (1 at)	98 100	0,981	1	736
1 mm Queck-silbersäule (1 Torr)	133,32	0,001 33	0,001 36	1

Wertetabellen

Dichte ρ von festen Stoffen

bei 20 °C

Stoff	ρ in $\frac{g}{cm^3}$	Stoff	ρ in $\frac{g}{cm^3}$	Stoff	ρ in $\frac{g}{cm^3}$
Aluminium	2,70	Holz (lufttrocken) Buche	0,7	Sand (trocken)	1,58 … 1,65
Beton	1,8 … 2,4	Holz (lufttrocken) Eiche	0,9	Silber	10,5
Blei	11,35	Holz (lufttrocken) Fichte	0,5	Silicium	2,33
Diamant	3,5	Holz (lufttrocken) Kiefer	0,5	Stahl	7,8
Eis (bei 0 °C)	0,92	Kork	0,2 … 0,3	Styropor	0,03
Eisen	7,86	Kupfer	8,96	Wachs	0,94 … 1,0
Gips	2,3	Messing	8,4	Zement	0,9 … 2,1
Glas (Fensterglas)	2,4 … 2,6	Papier	0,7 … 1,3	Ziegel	1,4 … 1,9
Gold	19,3	Platin	21,4	Zink	7,13
Gummi	0,9 … 1,2	Polyvinylchlorid (PVC)	1,3	Zinn	7,30

Ph2

Dichte ρ von Flüssigkeiten

bei 20 °C

Stoff	ρ in $\frac{g}{cm^3}$	Stoff	ρ in $\frac{g}{cm^3}$	Stoff	ρ in $\frac{g}{cm^3}$
Benzin	0,70… 0,74	Methanol	0,79	Salpetersäure 50 %	1,31
Benzol (Benzen)	0,87	Olivenöl	0,91	Salzsäure 37 %	1,18
Dieselkraftstoff	0,84	Petroleum	0,81	Spiritus	0,83
Erdöl	0,7 … 0,9	Propanon (Aceton)	0,79	Transformatorenöl	0,90
Ethanol	0,79	Quecksilber	13,55	Wasser destilliert Meerwasser	1,00 1,02

Dichte ρ von Gasen

bei 0 °C und 1013 hPa

Stoff	ρ in $\frac{kg}{m^3}$	Stoff	ρ in $\frac{kg}{m^3}$	Stoff	ρ in $\frac{kg}{m^3}$
Ammoniak	0,77	Kohlenstoffmonoxid	1,25	Sauerstoff	1,43
Erdgas	0,73 … 0,83	Luft	1,29	Stickstoff	1,25
Helium	0,18	Ozon	2,22	Wasserdampf (100 %)	0,61
Kohlenstoffdioxid	1,98	Propan	2,02	Wasserstoff	0,09

Reibungszahlen μ

Es sind Durchschnittswerte angegeben.

Stoff		Haftreibungszahl μ_0	Gleitreibungszahl μ
Beton auf Kies		0,8 … 0,9	–
Bremsbelag auf Stahl		–	0,6
Holz auf Holz		0,6	0,5
Reifen auf Asphalt	trocken	0,8	0,5
	nass	0,5	0,3
Stahl auf Eis		0,03	0,01
Stahl auf Stahl	trocken	0,15	0,06
	geschmiert	0,11	0,01

Luftwiderstandszahlen c_W

Körper	c_W	Körper	c_W
Scheibe →	1,1	PKW →	0,25 … 0,45
Kugel →	0,45	Fallschirm	1,4
Halbkugel →	0,3 … 0,4	LKW →	0,6 … 1,3
Schale →	1,4 … 1,6	Motorrad →	0,6 … 0,7
Stromlinienkörper →	0,06	Rennwagen →	0,15 … 0,20

Schallgeschwindigkeit c

feste Stoffe (bei 20 °C)		Flüssigkeiten (bei 20 °C)		Gase (bei 0 °C und 1013 hPa)	
Stoff	**c in $\frac{m}{s}$**	**Stoff**	**c in $\frac{m}{s}$**	**Stoff**	**c in $\frac{m}{s}$**
Aluminium	5 100	Benzin	1170	Ammoniak	415
Beton	3 800	Ethanol	1190	Helium	981
Holz (Eiche)	3 400	Propantriol (Glyzerin)	1920	Kohlenstoffdioxid	258
Eis bei −4 °C	3 250	Quecksilber	1430	Luft bei −20 °C	320
				bei 0 °C	332
				bei +20 °C	344
Stahl	4 900	Toluen	1350	Sauerstoff	315
Ziegelstein	3 600	Wasser bei 0 °C	1407	Wasserstoff	1280
		bei 20 °C	1484		

Lautstärke L_N

Schallquelle	L_N in dB(A)	Schallquelle	L_N in dB(A)
Hörschwelle	0	mittlerer Straßenverkehr, lautes Radio	80
Flüstern, Blätterrauschen	20	Presslufthammer, Autohupe	100
leises Sprechen, leises Radio, normale Wohngeräusche	40	Donner, Düsentriebwerk	120
Staubsauger, laute Unterhaltung	60	Schmerzschwelle	130

Frequenzen f der C-Dur-Tonleiter in Hz

c'	d'	e'	f'	g'	a'	h'	c''
261,63 (Grundton)	293,67	329,63	349,23	392,00	440,00 (Kammerton)	493,88	523,25

Spezifische Wärmekapazität c von Stoffen

feste Stoffe zwischen 0 °C und 100 °C				Flüssigkeiten bei 20 °C	
Stoff	**c in $\frac{kJ}{kg \cdot K}$**	**Stoff**	**c in $\frac{kJ}{kg \cdot K}$**	**Stoff**	**c in $\frac{kJ}{kg \cdot K}$**
Aluminium	0,90	Messing	0,38	Ethanol	2,43
Beton	0,90	Porzellan	0,73	Methanol	2,40
Blei	0,13	Stahl	0,47	Olivenöl	1,97
Eis (bei 0 °C)	2,09	Wolfram	0,13	Petroleum	2,0
Glas	0,86	Ziegelstein	0,86	Propanon	2,10
Holz (Eiche)	2,39	Zink	0,39	Quecksilber	0,14
Kupfer	0,39	Zinn	0,23	Wasser	4,19

Gase bei 0 °C und konstantem Druck					
Stoff	**c in $\frac{kJ}{kg \cdot K}$**	**Stoff**	**c in $\frac{kJ}{kg \cdot K}$**	**Stoff**	**c in $\frac{kJ}{kg \cdot K}$**
Ammoniak	2,05	Luft	1,01	Stickstoff	1,04
Helium	5,24	Neon	1,03	Wasserdampf	1,86
Kohlenstoffdioxid	0,85	Sauerstoff	0,92	Wasserstoff	14,28

Heizwert H von Brennstoffen

feste Stoffe	H in $\frac{MJ}{kg}$	Flüssigkeiten	H in $\frac{MJ}{kg}$	Gase	H in $\frac{MJ}{kg}$
Braunkohle	8 … 15	Benzin	44 … 53 (32 … 38 MJ/l)	Ethin (Azetylen)	50 (59 MJ/m^3)
Braunkohlen-briketts	20	Diesel	41 … 44 (35 … 38 MJ/l)	Erdgas	42 (31 MJ/m^3)
Holz (trocken)	8 … 16	Heizöl	42,6 (37 MJ/l)	Propan	47 (94 MJ/m^3)
Steinkohle	27 … 33	Petroleum	51 (41 MJ/l)	Stadtgas	28 (17 MJ/m^3)
Torf (trocken)	15	Spiritus	39 (32 MJ/l)	Wasserstoff	120 (11 MJ/m^3)

Längenausdehnungskoeffizient α fester Stoffe

Stoff	α in $\frac{1}{K}$	Stoff	α in $\frac{1}{K}$	Stoff	α in $\frac{1}{K}$
Aluminium	0,000 024	Glas (Fensterglas)	0,000 010	Silber	0,000 020
Beton	0,000 012	Gold	0,000 014	Silicium	0,000 002
Blei	0,000 029	Holz (Eiche)	0,000 008	Stahl	0,000 012
Cadmium	0,000 041	Kupfer	0,000 016	Wolfram	0,000 004
Eis	0,000 051	Messing	0,000 018	Ziegelstein	0,000 005
Eisen	0,000 012	Porzellan	0,000 004	Zinn	0,000 027

Schmelztemperatur ϑ_S und spezifische Schmelzwärme q_S von Stoffen

Stoff	ϑ_S in °C	q_S in $\frac{kJ}{kg}$	Stoff	ϑ_S in °C	q_S in $\frac{kJ}{kg}$
Aluminium	660	396	Methanol	−98	69
Blei	327	24	Luft	−213	–
Eis	0	334	Propanon (Aceton)	−95	82
Gold	1 063	66	Quecksilber	−39	12
Eisen	1 540	275	Wachs	≈ 50	176
Kupfer	1 083	205	Ammoniak	−78	332
Silber	961	104	Helium	−270	–
Stahl	1 500	270	Sauerstoff	−219	14
Wolfram	3 380	192	Stickstoff	−210	26
Zinn	232	59	Wasserstoff	−259	59

Ph2

Ph

Siedetemperatur ϑ_V und spezifische Verdampfungswärme q_V von Stoffen

Stoff	ϑ_V in °C	q_V in $\frac{kJ}{kg}$	Stoff	ϑ_V in °C	q_V in $\frac{kJ}{kg}$
Aluminium	2 450	10 500	Ethanol	78	845
Blei	1 740	871	Frigen 22 (Kältemittel)	−41	234
Eisen	3 000	6 322	Propanon (Aceton)	56	525
Gold	2 970	1 578	Quecksilber	357	285
Graphit	4 830	–	Wasser	100	2 260
Kupfer	2 600	4 650	Ammoniak	−34	1 370
Silber	2 210	2 357	Kohlenstoffdioxid	−78	574
Wolfram	5 930	4 190	Sauerstoff	−183	214
Zink	906	1 802	Stickstoff	−196	198
Zinn	2 270	2 386	Wasserstoff	−253	455

Ph2

Spezifischer elektrischer Widerstand ρ

bei 20 °C

Leiter	ρ in $\frac{\Omega \cdot mm^2}{m}$	Isolatoren	ρ in $\frac{\Omega \cdot mm^2}{m}$	andere Stoffe	ρ in $\frac{\Omega \cdot mm^2}{m}$
Aluminium	0,028	Bernstein	$> 10^{22}$	Blut	$1{,}6 \cdot 10^6$
Blei	0,21	Erde (trocken)	$10^8 \ldots 10^{10}$	Fettgewebe	$3{,}3 \cdot 10^7$
Eisen	0,10	Glas	$10^{13} \ldots 10^{17}$	Kochsalzlösung (10%)	$7{,}9 \cdot 10^4$
Gold	0,022	Glimmer	$10^{15} \ldots 10^{17}$	Kohle	50
Konstantan	0,50	Hartgummi	$10^{13} \ldots 10^{16}$	Kupfersulfatlösung (10 %)	$3{,}0 \cdot 10^5$
Kupfer	0,017	Holz (trocken)	$10^{10} \ldots 10^{15}$	Meerwasser	$5{,}0 \cdot 10^5$
Messing	0,07	Papier	$10^{15} \ldots 10^{16}$	Muskelgewebe	$2{,}0 \cdot 10^6$
Quecksilber	0,96	Petroleum	$10^{10} \ldots 10^{12}$	Salzsäure (10%)	$1{,}5 \cdot 10^4$
Silber	0,016	Porzellan	10^{18}	Schwefelsäure (10%)	$2{,}5 \cdot 10^4$
Stahl	0,10 … 0,20	Silikonöl	$10^{12} \ldots 10^{13}$	Silicium (Eigenleitung)	$5{,}0 \cdot 10^{13}$
Wolfram	0,053	Wasser (destilliert)	10^{10}	Silicium (hochdotiert)	$1{,}0 \cdot 10^2$

Spektrum elektromagnetischer Wellen

Art der Wellen	**Frequenz f in Hz**	**Wellenlänge λ in m**	**Eigenschaften und Anwendungen**
technischer Wechselstrom	30 ... 300	10^7 ... 10^6	Nutzung zum Antrieb elektrischer Maschinen und Anlagen
tonfrequenter Wechselstrom (Niederfrequenz)	$3 \cdot 10^2$ ... $3 \cdot 10^4$	10^5 ... 10^4	Übertragung von Sprache mit Leitungen (Telefonie)
hertzsche Wellen			
Langwelle (LF)	$3 \cdot 10^4$ ... $3 \cdot 10^5$	10^4 ... 10^3	Nutzung für Rundfunk, Fernsehen,
Mittelwelle (MF)	$3 \cdot 10^5$ ... $3 \cdot 10^6$	10^3 ... 10^2	Radar, Mobilfunk
Kurzwelle (HF)	$3 \cdot 10^6$ ... $3 \cdot 10^7$	10^2 ... 10	
Ultrakurzwellen (UKW, VHF, UHF)	$3 \cdot 10^7$ ... $3 \cdot 10^9$	10 ... 0,1	
Mikrowellen	$3 \cdot 10^9$ ... 10^{13}	0,1 ... $3 \cdot 10^{-5}$	Absorption durch viele Stoffe (Mikrowellenherd, Mikrowellentherapie)
infrarotes Licht	10^{13} ... $3{,}8 \cdot 10^{14}$	$3 \cdot 10^{-5}$ ... $7{,}8 \cdot 10^{-7}$	Wärmestrahlung
sichtbares Licht			vom Menschen mit dem Auge wahrnehmbar 
rotes Licht	3,8 ... $4{,}8 \cdot 10^{14}$	780 ... $620 \cdot 10^{-9}$	
oranges Licht	4,8 ... $5{,}0 \cdot 10^{14}$	620 ... $600 \cdot 10^{-9}$	
gelbes Licht	5,0 ... $5{,}3 \cdot 10^{14}$	600 ... $570 \cdot 10^{-9}$	
grünes Licht	5,3 ... $6{,}1 \cdot 10^{14}$	570 ... $490 \cdot 10^{-9}$	
blaues Licht	6,1 ... $7{,}0 \cdot 10^{14}$	490 ... $430 \cdot 10^{-9}$	
violettes Licht	7,0 ... $7{,}7 \cdot 10^{14}$	430 ... $390 \cdot 10^{-9}$	
ultraviolettes Licht	$7{,}7 \cdot 10^{14}$ ... $3 \cdot 10^{16}$	$3{,}9 \cdot 10^{-7}$ ... 10^{-8}	ruft Bräunung und Sonnenbrand hervor
Röntgenstrahlung	$3 \cdot 10^{16}$ ... $5 \cdot 10^{21}$	10^{-8} ... $6 \cdot 10^{-14}$	Nutzung im medizinischen Bereich und zur Werkstoffprüfung
Gammastrahlung und **kosmische Strahlung**	größer als $3 \cdot 10^{18}$	kleiner als 10^{-10}	großes Durchdringungsvermögen von massiven Körpern, ruft Schäden bei Körperzellen hervor

Ph2

Ph

Licht und Farben

Wellenlängen und Farben

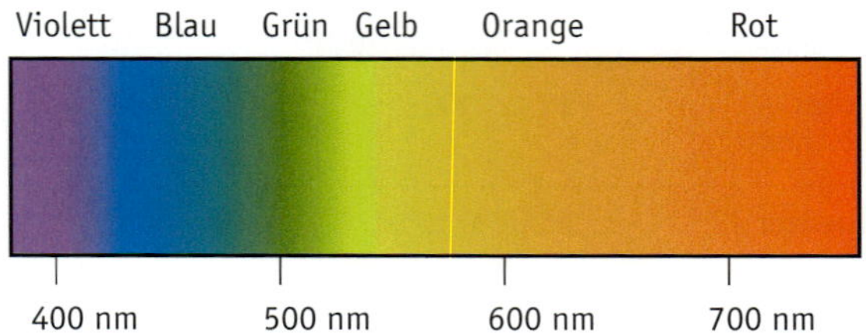

Paare von Komplementärfarben

Gesetze der additiven Farbmischung

1. Gegenüberliegende Farben des Farbenkreises ergeben beim Mischen Weiß (Komplementärfarben).
2. Jede Farbe des Farbenkreises kann man durch Mischen der beiden benachbarten Farben erhalten.
3. Alle Farben des Farbenkreises kann man durch Mischen der **Grundfarben** Rot, Grün und Blau erhalten.
4. Durch Mischen aller Grundfarben erhält man Weiß.

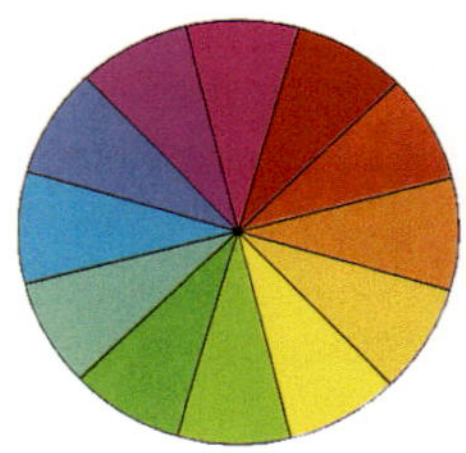

Gesetze der subtraktiven Farbmischung

1. Alle Farben des Farbenkreises kann man durch Mischen der **Grundfarben** Gelb, Purpur (Magenta) und Blaugrün (Cyan) erhalten.
2. Durch Mischen aller Grundfarben erhält man Schwarz.

Lichtgeschwindigkeit c in Stoffen und Brechzahl n von Stoffen

Mittelwert bei 20 °C

Stoff	Lichtgeschwindigkeit c in $\frac{km}{s}$	Brechzahl n
Diamant	124 000	2,42
Eis	229 000	1,31
Flintglas leicht schwer	 186 000 171 000	 1,61 1,75
Kronglas leicht schwer	 199 000 186 000	 1,51 1,61
Luft	299 711 ≈ 300 000	1,00
Plexiglas	201 000	1,49
Wasser	225 000	1,33
Vakuum	299 792 ≈ 300 000	1,00

Halbwertszeit $T_{1/2}$ und Art der Strahlung

Isotop	Halbwertszeit $T_{1/2}$	Art der Strahlung
Americium-241	433 Jahre	α, γ
Caesium-137	30 Jahre	β^-, γ
Cobalt-60	5,3 Jahre	β^-, γ
Iod-131	8,04 Tage	β^-
Kohlenstoff-14	5 730 Jahre	β^-
Krypton-85	10,76 Jahre	β^-
Lanthan-138	100 Milliarden Jahre	β^-
Natrium-22	2,6 Jahre	β^+
Polonium-218	3,05 Minuten	α
Plutonium-239	24 390 Jahre	α
Radium-226	1 600 Jahre	α
Radon-220	55,6 Sekunden	α
Technetium-99	0,21 Millionen Jahre	α
Uran-238	4,5 Milliarden Jahre	α
Uran-235	700 Millionen Jahre	α

Mechanik

Kräfte in der Mechanik

Gewichtskraft F_G	$F_G = m \cdot g$	m Masse g Ortsfaktor (S. 54) μ Reibungszahl (S. 57) F_N Normalkraft v Bahngeschwindigkeit r Kreisbahnradius T Umlaufzeit D Federkonstante s Längenänderung der Feder
Reibungskraft F_R	$F_R = \mu \cdot F_N$	
Radialkraft F_r	$F_r = m \cdot \frac{v^2}{r}$ $\quad F_r = m \cdot \frac{4\pi^2}{T^2} \cdot r$	
Federspannkraft F_s	$F_s = D \cdot s$	

Die newtonschen Gesetze

1. newtonsches Gesetz (Trägheitsgesetz)	Ein Körper bleibt in Ruhe oder in gleichförmiger geradliniger Bewegung, solange die Summe der auf ihn wirkenden Kräfte null ist: $\vec{v}$ = konstant bei F = 0	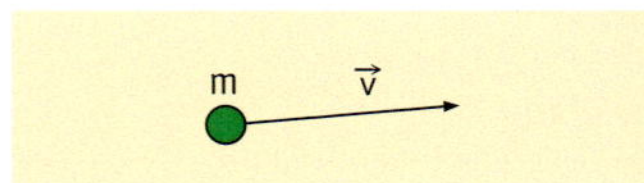 v Geschwindigkeit
2. newtonsches Gesetz (newtonsches Grundgesetz)	$F = m \cdot a$	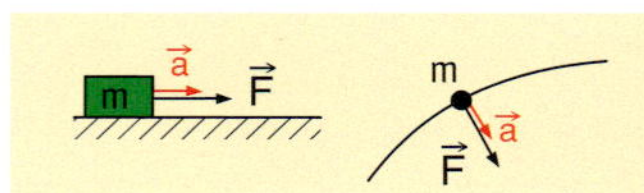 F Kraft m Masse a Beschleunigung
3. newtonsches Gesetz (Wechselwirkungsgesetz)	Wirken zwei Körper aufeinander ein, so wirkt auf jeden der Körper eine Kraft. Die Kräfte sind gleich groß und entgegengesetzt gerichtet: $\vec{F}_1 = -\vec{F}_2$	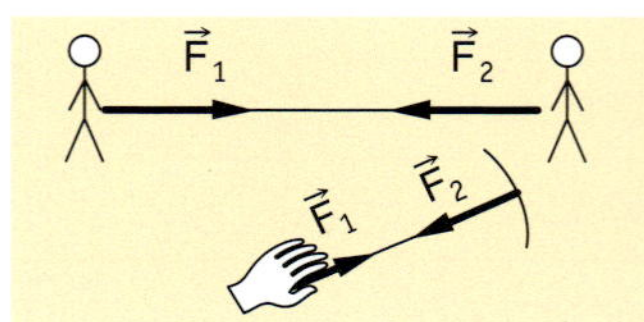

Zusammensetzung und Zerlegung von Kräften

Zusammensetzung von Kräften

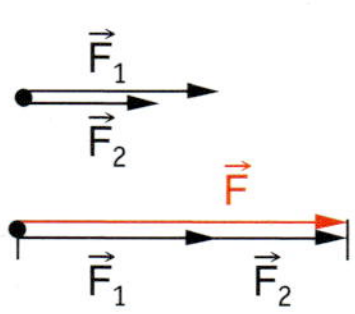

$F = F_1 + F_2$

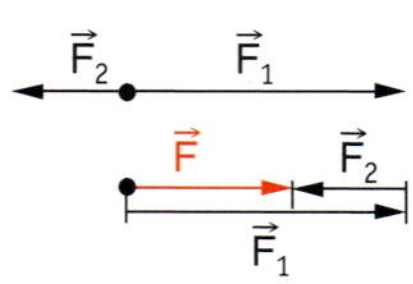

$F = F_1 - F_2$

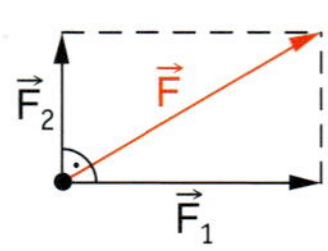

$F = \sqrt{F_1^2 + F_2^2}$

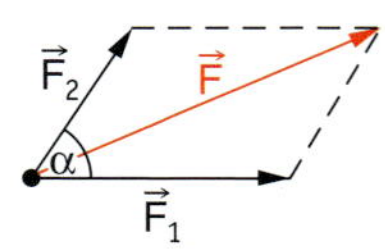

$F = \sqrt{F_1^2 + F_2^2 + 2F_1 \cdot F_2 \cdot \cos\alpha}$

Ph3

Ph

Zerlegung von Kräften

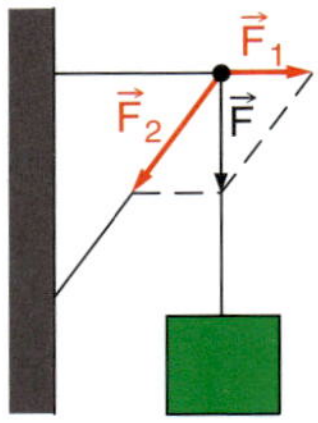

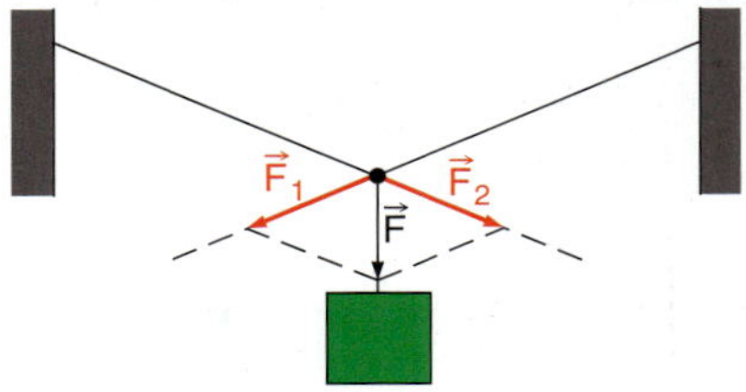

Kraftumformende Einrichtungen

Rolle, Flaschenzug

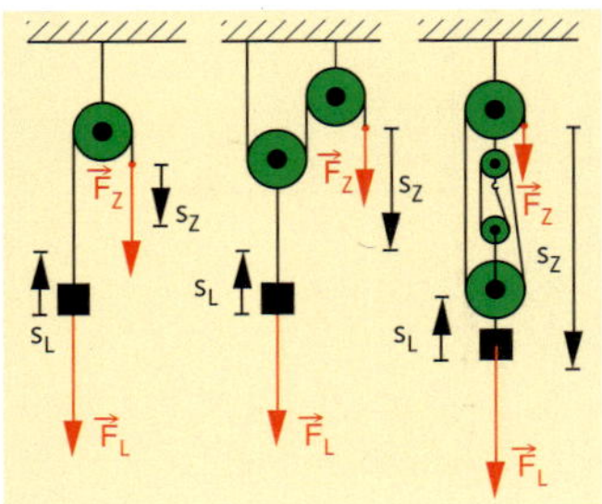

Im Gleichgewicht gilt:

$F_Z = F_L$	$F_Z = \frac{1}{2}\ F_L$	$F_Z = \frac{1}{4}\ F_L$
$s_Z = s_L$	$s_Z = 2s_L$	$s_Z = 4s_L$

Allgemein: $F_Z = \frac{1}{n} \cdot F_L$
$s_Z = n \cdot s_L$

n Anzahl der tragenden Seile

Hebel

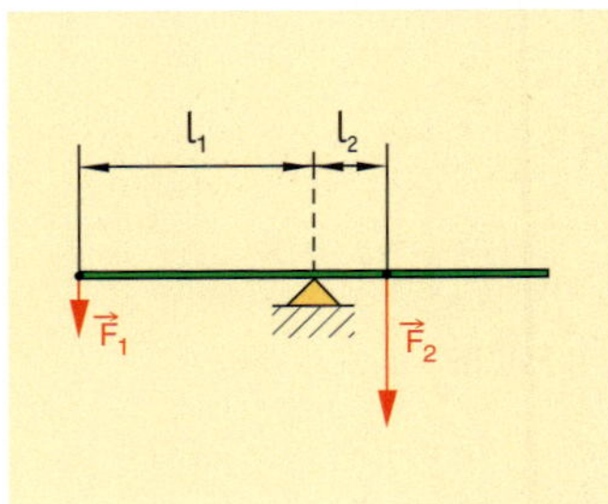

Im Gleichgewicht gilt unter der Bedingung, dass die Kräfte senkrecht am Hebel angreifen:

$l_1 \cdot F_1 = l_2 \cdot F_2 \qquad \frac{F_1}{F_2} = \frac{l_2}{l_1}$

Drehmoment: $M = l \cdot F$

F Kraft
l Länge des Hebelarms

geneigte Ebene

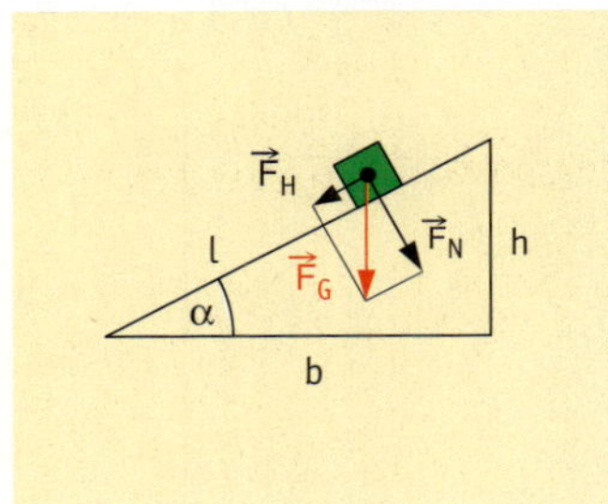

$F_H = F_G \cdot \sin \alpha$
$F_N = F_G \cdot \cos \alpha$

$\frac{F_H}{F_G} = \frac{h}{l} \qquad \frac{F_N}{F_G} = \frac{b}{l} \qquad \frac{F_H}{F_N} = \frac{h}{b}$

F_G	Gewichtskraft	h	Höhe
F_H	Hangabtriebskraft	l	Länge
F_N	Normalkraft	b	Basis

goldene Regel der Mechanik	Für kraftumformende Einrichtungen gilt: *„Was man an Kraft spart, muss man an Weg zusetzen."* $F_1 \cdot s_1 = F_2 \cdot s_2$

Bewegungen

geradlinig gleichförmige Bewegung	$s = v \cdot t$ $v = \frac{\Delta s}{\Delta t} \quad v = \frac{s}{t}$ $a = 0$	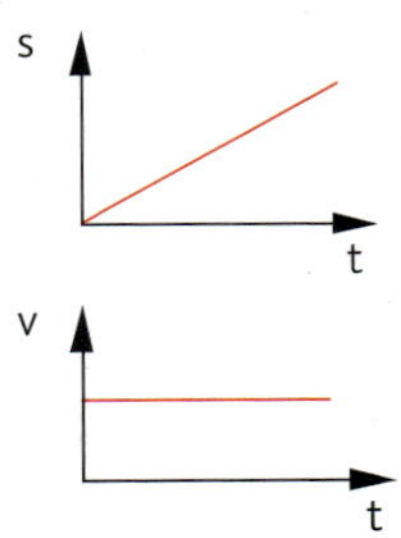	s Weg v Geschwindigkeit t Zeit a Beschleunigung

gleichförmige Kreisbewegung

$v = \frac{2\pi \cdot r}{T}$

$v = 2\pi \cdot r \cdot n$

$a_r = \frac{v^2}{r}$

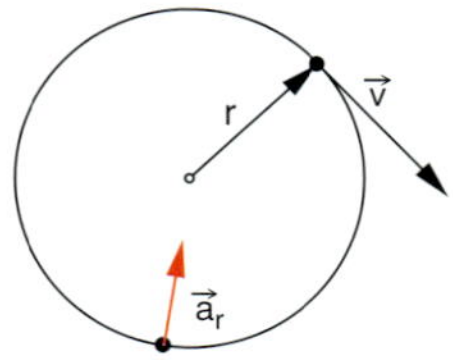

v	Geschwindigkeit
r	Radius
T	Umlaufzeit
n	Drehzahl
a_r	Radialbeschleunigung

gleichmäßig beschleunigte Bewegung

$s = \frac{a}{2} \cdot t^2$ $\quad s = \frac{v \cdot t}{2}$

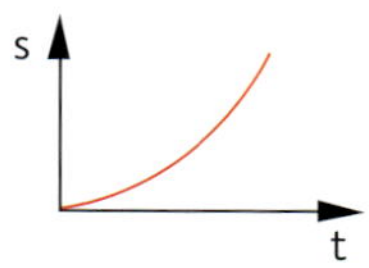

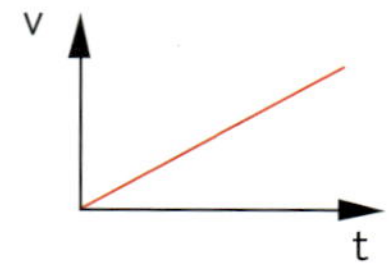

$v = a \cdot t$ $\quad v = \sqrt{2a \cdot s}$

$a = \frac{\Delta v}{\Delta t}$ $\quad a = \frac{v}{t}$

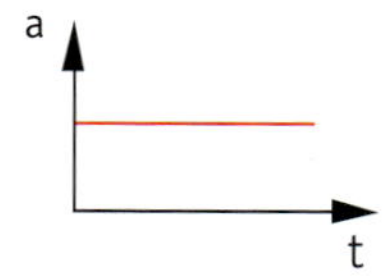

Für den freien Fall im Vakuum gilt:

$s = \frac{g}{2} \cdot t^2$

$v = g \cdot t$ $\quad v = \sqrt{2g \cdot h}$

$a = g$

s	Weg
v	Geschwindigkeit
a	Beschleunigung
t	Zeit
g	Fallbeschleunigung (S. 54)

Ph3

Zusammengesetzte Bewegungen

Zusammensetzung von Geschwindigkeiten

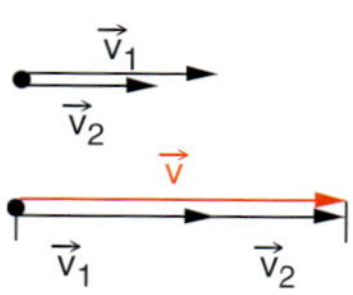

$v = v_1 + v_2$

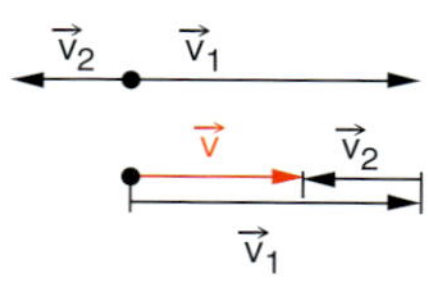

$v = v_1 - v_2$

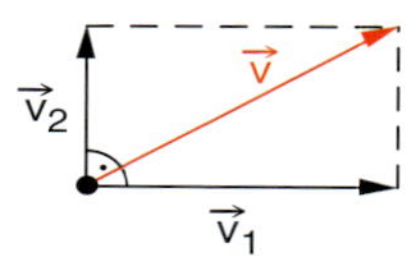

$v = \sqrt{v_1^2 + v_2^2}$

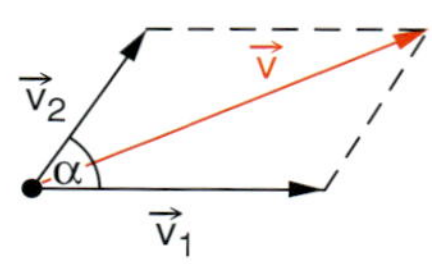

$v = \sqrt{v_1^2 + v_2^2 + 2v_1 \cdot v_2 \cdot \cos\alpha}$

Wurfbewegungen

Wurf nach unten

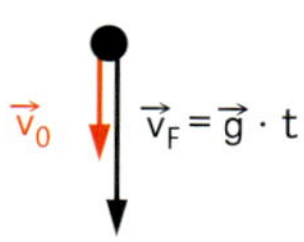

$v = v_0 + g \cdot t$

Wurf nach oben

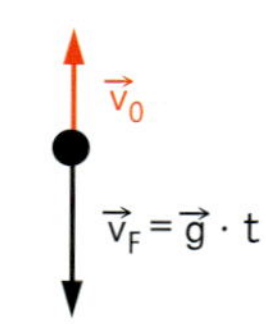

$v = v_0 - g \cdot t$

waagerechter Wurf

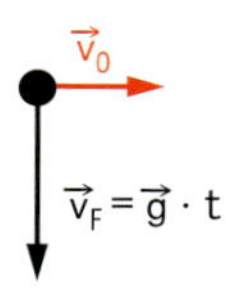

$v = \sqrt{v_0^2 + (g \cdot t)^2}$

Mechanische Arbeit

mechanische Arbeit W	Unter der Bedingung, dass die Kraft konstant ist und in Richtung des Weges wirkt, gilt: $W = F \cdot s$ Unter der Bedingung , dass die Kraft konstant ist, gilt: $W = F \cdot s \cdot \cos \alpha$	F Kraft s Weg 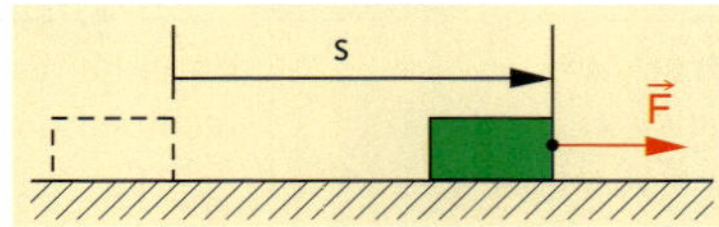 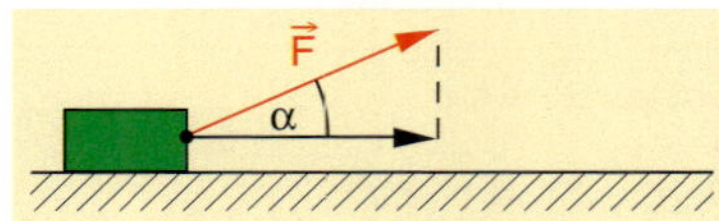
Hubarbeit	$W = F_G \cdot h$	F_G Gewichtskraft (S. 64) h Höhe
Beschleunigungsarbeit	$W = F_B \cdot s$	F_B beschleunigende Kraft (S. 64)
Reibungsarbeit	$W = F_R \cdot s$	F_R Reibungskraft (S. 64)
Federspannarbeit	$W = \frac{1}{2} F_E \cdot s$ $W = \frac{1}{2} D \cdot s^2$	F_E Endkraft (maximale Kraft) D Federkonstante (S. 64)

Mechanische Energie

potenzielle Energie E_{pot} (Energie der Lage)	eines Körpers in der Nähe der Erdoberfläche: $E_{pot} = F_G \cdot h$ $E_{pot} = m \cdot g \cdot h$	F_G Gewichtskraft h Höhe m Masse g Fallbeschleunigung (S. 54)
	einer gespannten Feder: $E_{pot} = \frac{1}{2} F_E \cdot s$ $E_{pot} = \frac{1}{2} D \cdot s^2$	F_E Endkraft (maximale Kraft) s Dehnung der Feder D Federkonstante (S. 64)
kinetische Energie E_{kin} (Energie der Bewegung)	eines bewegten Körpers: $E_{kin} = \frac{1}{2} m \cdot v^2$	m Masse v Geschwindigkeit
Satz von der Erhaltung der Energie	**Allgemein:** $E_1 + E_2 + ... + E_n =$ konstant Unter der Bedingung, dass keine Umwandlung von mechanischer Energie in andere Energieformen erfolgt, gilt: $E_{pot} + E_{kin} =$ konstant	$E_1, E_2, ...$ verschiedene Energieformen E_{pot} potenzielle Energie E_{kin} kinetische Energie

Ph3

Mechanische Leistung und Wirkungsgrad

mechanische Leistung P	$P = \frac{W}{t}$	W verrichtete Arbeit t Zeit
Wirkungsgrad η	$\eta = \frac{E_{ab}}{E_{zu}}$ $\eta = \frac{W_{ab}}{W_{zu}}$ $\eta = \frac{P_{ab}}{P_{zu}}$	E_{ab}, W_{ab}, P_{ab} abgegebene (nutzbringende) Energie, Arbeit, Leistung E_{zu}, W_{zu}, P_{zu} zugeführte (aufzuwendende) Energie, Arbeit, Leistung

Ph

Mechanik der Flüssigkeiten und Gase

Dichte ρ	$\rho = \frac{m}{V}$	m Masse V Volumen
Druck p	Unter der Bedingung, dass die Kraft senkrecht auf die Fläche wirkt, gilt: $p = \frac{F}{A}$	F Kraft A Fläche 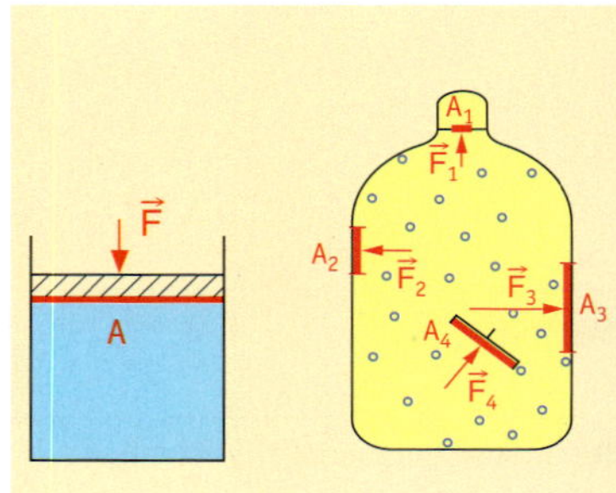
Schweredruck p	$p = \frac{F_G}{A} = \frac{m \cdot g}{A}$ $p = \rho \cdot h \cdot g$	ρ Dichte der Flüssigkeit oder des Gases (S. 56) h Höhe g Fallbeschleunigung (S. 54)
Auftriebskraft F_A	$F_A = \rho \cdot V \cdot g$	
hydraulische Anlagen	$\frac{F_1}{A_1} = \frac{F_2}{A_2}$	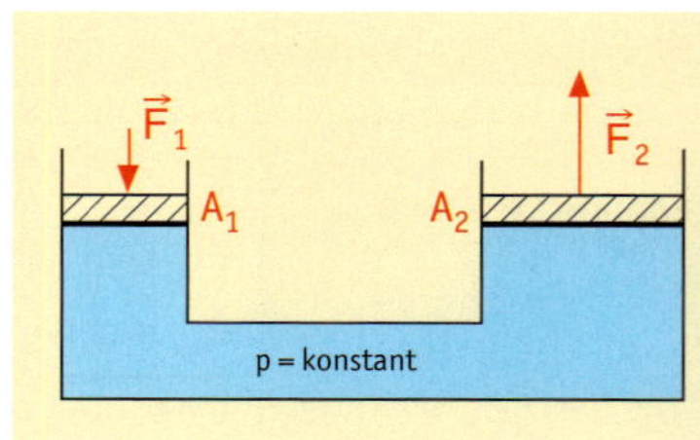 F_1, F_2 Kräfte an den Kolben A_1, A_2 Flächeninhalte der Querschnittsflächen der Kolben
Kontinuitätsgleichung	$A_1 \cdot v_1 = A_2 \cdot v_2$	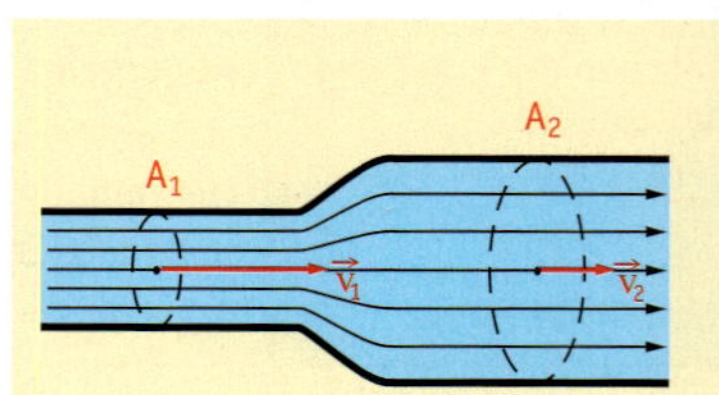 A_1, A_2 Flächen v_1, v_2 Geschwindigkeiten
Strömungswiderstandskraft F_{WL} bei Körpern	$F_{WL} = \frac{1}{2} c_W \cdot A \cdot \rho \cdot v^2$	c_W Luftwiderstandszahl (S. 57) A umströmte Querschnittsfläche ρ Dichte (S. 56) v Geschwindigkeit der Strömung bzw. des Körpers

Mechanische Schwingungen

Frequenz f einer Schwingung	$f = \frac{1}{T}$ $f = \frac{n}{t}$	t Zeit n Anzahl der Schwingungen
Schwingungsdauer T (Periodendauer) einer Schwingung	$T = \frac{1}{f}$ $T = \frac{t}{n}$	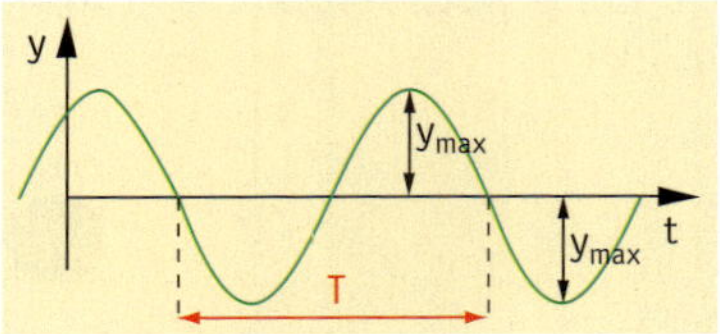
Weg-Zeit-Gesetz einer harmonischen Schwingung	$y = y_{max} \cdot \sin\left(\frac{2\pi}{T} \cdot t\right)$ $y = y_{max} \cdot \sin(2\pi \cdot f \cdot t)$	y Auslenkung y_{max} Amplitude
Schwingungsdauer T **eines Fadenpendels** **eines Federschwingers**	Unter der Bedingung kleiner Auslenkwinkel gilt: $T = 2\pi\sqrt{\frac{l}{g}}$ $T = 2\pi\sqrt{\frac{m}{D}}$	l Länge g Fallbeschleunigung (S. 54) m Masse D Federkonstante (S. 64)

Schwingende Saiten und Luftsäulen

Frequenz f **einer schwingenden Saite** **einer offenen Pfeife** **einer geschlossenen Pfeife**	$f = \frac{1}{2l}\sqrt{\frac{F}{\rho \cdot A}}$ $f = \frac{c}{2l}$ $f = \frac{c}{4l}$	l Länge der Saite bzw. Länge der schwingenden Luftsäule F Spannkraft ρ Dichte (S. 56) A Querschnittsfläche c Schallgeschwindigkeit (S. 57)

Mechanische Wellen

Ausbreitungsgeschwindigkeit c mechanischer Wellen	$c = \lambda \cdot f$	λ Wellenlänge f Frequenz
Wellengleichung	$y = y_{max} \cdot \sin 2\pi\left(\frac{t}{T} - \frac{x}{\lambda}\right)$	y Auslenkung y_{max} Amplitude t Zeit T Schwingungsdauer x Ort λ Wellenlänge

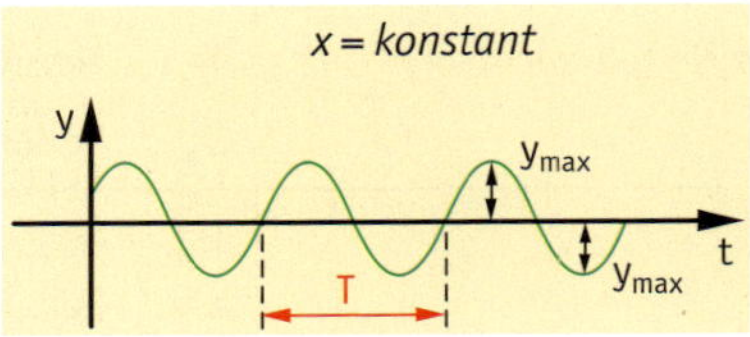

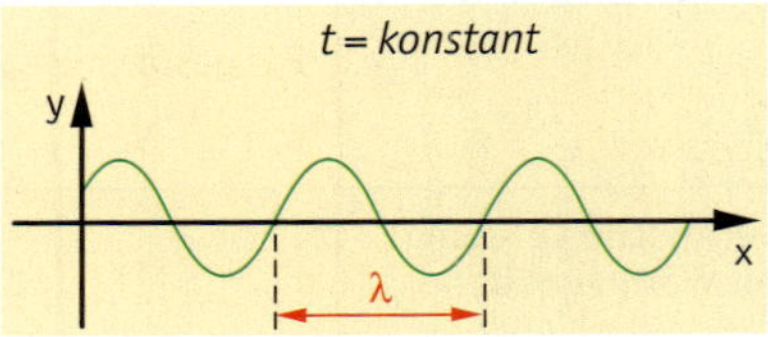

Gravitation und keplersche Gesetze

Gravitationsgesetz	$F = G \cdot \frac{m_1 \cdot m_2}{r^2}$ 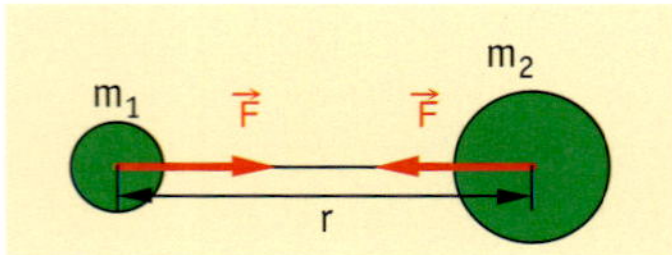	F Kraft auf jeden der Körper G Gravitationskonstante (S. 54) m_1, m_2 Massen der Körper r Abstand der Massenmittelpunkte
1. keplersches Gesetz	Alle Planeten bewegen sich auf elliptischen Bahnen. In einem gemeinsamen Brennpunkt steht die Sonne.	
2. keplersches Gesetz	Die Verbindungslinie Sonne - Planet überstreicht in gleichen Zeiten gleiche Flächen. $\frac{A_1}{t_1} = \frac{A_2}{t_2} = \frac{A}{t}$ = konstant	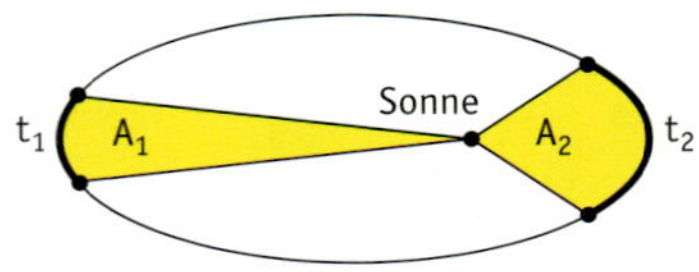
3. keplersches Gesetz	$\frac{T_1^2}{T_2^2} = \frac{a_1^3}{a_2^3}$ Die Quadrate der Umlaufzeiten zweier Planeten verhalten sich wie die dritten Potenzen der großen Halbachsen ihrer Bahnen.	
1. kosmische Geschwindigkeit (minimale Kreisbahngeschwindigkeit)	$v = \sqrt{\frac{G \cdot m}{r}}$ $v_{Erde} = 7{,}9\ \frac{km}{s}$	G Gravitationskonstante (S. 54) m Masse des Zentralkörpers (der Erde) r Radius des Zentralkörpers (der Erde)
2. kosmische Geschwindigkeit (Fluchtgeschwindigkeit)	$v = \sqrt{\frac{2G \cdot m}{r}}$ $v_{Erde} = 11{,}2\ \frac{km}{s}$	

Ph4

Wärmelehre

Wärme und Energie

Wärme Q **Grundgleichung der Wärmelehre**	Unter der Bedingung, dass keine Aggregatzustandsänderung auftritt, gilt: $Q = c \cdot m \cdot \Delta\vartheta$ $Q = c \cdot m \cdot \Delta T$	c spezifische Wärmekapazität (S. 58) m Masse $\Delta\vartheta$ Temperaturänderung in K ΔT Temperaturänderung in K
Verbrennungswärme Q	$Q = H \cdot m$ Für gasförmige Stoffe gilt auch: $Q = H' \cdot V_n$	H Heizwert (S. 59) H′ Heizwert in $\frac{MJ}{l}$ (S. 59) V_n Volumen im Normzustand
thermische Leistung von Wärmequellen P_{th}	$P_{th} = \frac{Q_{ab}}{t}$	Q_{ab} abgegebene Wärme t Zeit

Wirkungsgrad η von Wärmequellen	$\eta = \frac{Q_{ab}}{E_{zu}}$	E_{zu} zugeführte (aufzuwendende) Energie Q_{ab} abgegebene (nutzbringende) Wärme
Volumenänderungsarbeit W_A	$W_A = p \cdot \Delta V$	p Druck im Gas ΔV Änderung des Gasvolumens
1. Hauptsatz der Wärmelehre	$\Delta U = Q + W_A$	ΔU Änderung der inneren (thermischen) Energie Q zugeführte oder abgegebene Wärme W_A Volumenänderungsarbeit
2. Hauptsatz der Wärmelehre	Wärme kann niemals von selbst von einem Körper niederer Temperatur auf einen Körper höherer Temperatur übergehen.	
Grundgesetz des Wärmeaustauschs	$Q_{zu} = Q_{ab}$	Q_{zu} zugeführte (aufgenommene) Wärme Q_{ab} abgegebene Wärme
richmannsche Mischungsregel	Unter der Bedingung, dass keine Aggregatzustandsänderung und keine Wärmeverluste auftreten, gilt: $\vartheta_M = \frac{c_1 \cdot m_1 \cdot \vartheta_1 + c_2 \cdot m_2 \cdot \vartheta_2}{c_1 \cdot m_1 + c_2 \cdot m_2}$	ϑ_M Mischungstemperatur ϑ_1, ϑ_2 Ausgangstemperaturen der Körper c_1, c_2 spezifische Wärmekapazitäten der Stoffe (S. 58) m_1, m_2 Massen der Körper

Aggregatzustandsänderungen

Schmelzwärme Q_S (Erstarrungswärme)	Unter der Bedingung p = konstant gilt: $Q_S = q_S \cdot m$	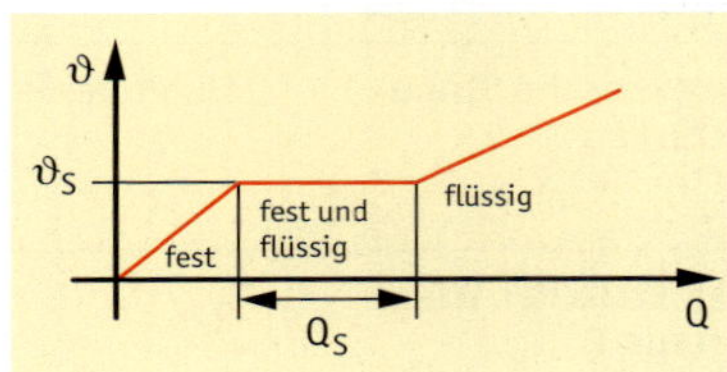 q_S spezifische Schmelzwärme (S. 59) m Masse
Verdampfungswärme Q_V (Kondensationswärme)	Unter der Bedingung p = konstant gilt: $Q_V = q_V \cdot m$	q_V spezifische Verdampfungswärme (S. 60) 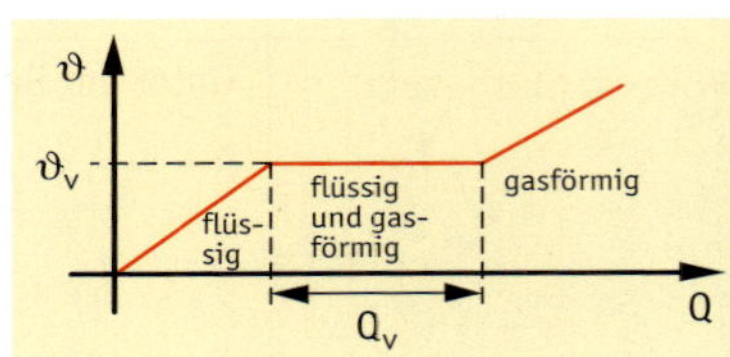

Volumenänderung von Körpern

Längenänderung fester Körper Δl	$\Delta l = \alpha \cdot l_0 \cdot \Delta\vartheta$ $\Delta l = \alpha \cdot l_0 \cdot \Delta T$	α Längenausdehnungskoeffizient (S. 59) l_0 Ausgangslänge $\Delta\vartheta$, ΔT Temperaturänderung in K
thermische Zustandsgleichung des idealen Gases	Unter der Bedingung m = konstant gilt: $\frac{p \cdot V}{T}$ = konstant $\frac{p_1 \cdot V_1}{T_1} = \frac{p_2 \cdot V_2}{T_2}$	V Volumen p Druck T Temperatur
isotherme Zustandsänderung (Gesetz von BOYLE und MARIOTTE)	Unter der Bedingung T = konstant gilt: $p \cdot V$ = konstant $p_1 \cdot V_1 = p_2 \cdot V_2$	
isobare Zustandsänderung (Gesetz von GAY-LUSSAC)	Unter der Bedingung p = konstant gilt: $\frac{V}{T}$ = konstant $\frac{V_1}{T_1} = \frac{V_2}{T_2}$	
isochore Zustandsänderung (Gesetz von AMONTONS)	Unter der Bedingung V = konstant gilt: $\frac{p}{T}$ = konstant $\frac{p_1}{T_1} = \frac{p_2}{T_2}$	

Elektrizitätslehre

Ph4

Einfacher elektrischer Stromkreis

elektrische Spannung U	$U = \frac{W}{Q}$	W Arbeit
elektrische Ladung Q	$Q = n \cdot e$	n Anzahl der Elektronen e Elementarladung (S. 54) t Zeit
elektrische Stromstärke I	Unter der Bedingung I = konstant gilt: $I = \frac{Q}{t}$	
elektrischer Widerstand R	$R = \frac{U}{I}$	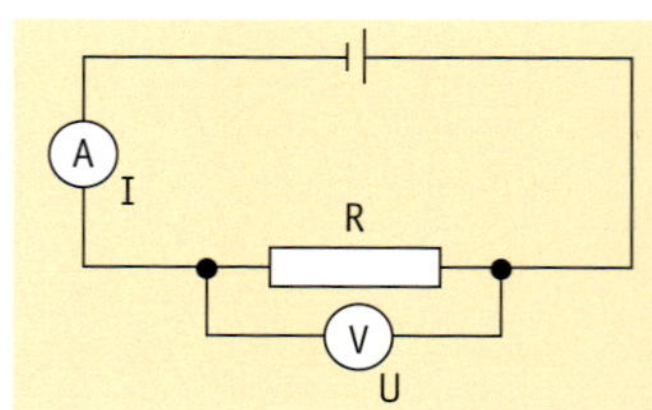
elektrische Leistung P	$P = U \cdot I$	
elektrische Arbeit W	$W = P \cdot t$ $W = U \cdot I \cdot t$	
ohmsches Gesetz	Unter der Bedingung ϑ = konstant gilt: $I \sim U$, $\frac{U}{I}$ = konstant	
Widerstandsgesetz	Unter der Bedingung ϑ = konstant gilt: $R = \frac{\rho \cdot l}{A}$	ρ spezifischer elektrischer Widerstand (S. 60) l Länge des Leiters A Flächeninhalt der Querschnittsfläche des Leiters

Ph

Schaltung von Messgeräten

Stromrichtige Messschaltung	Spannungsrichtige Messschaltung
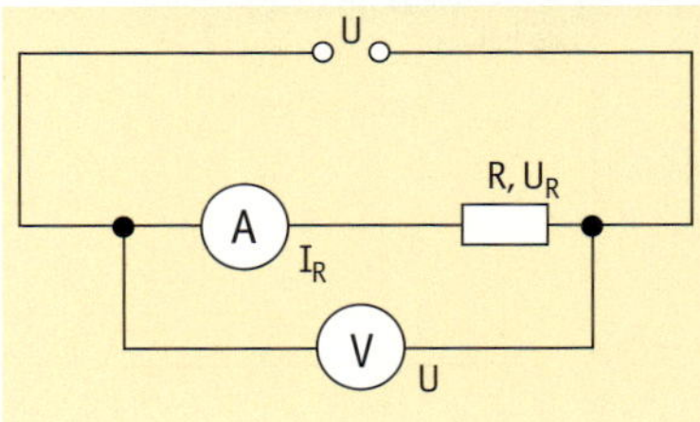	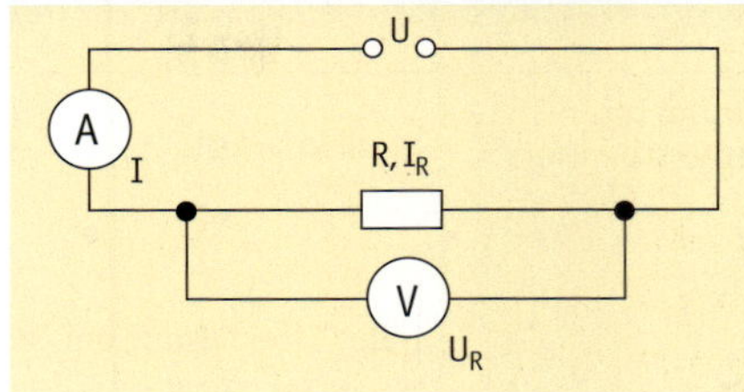

Unverzweigter und verzweigter Stromkreis

Reihenschaltung von Widerständen	Parallelschaltung von Widerständen
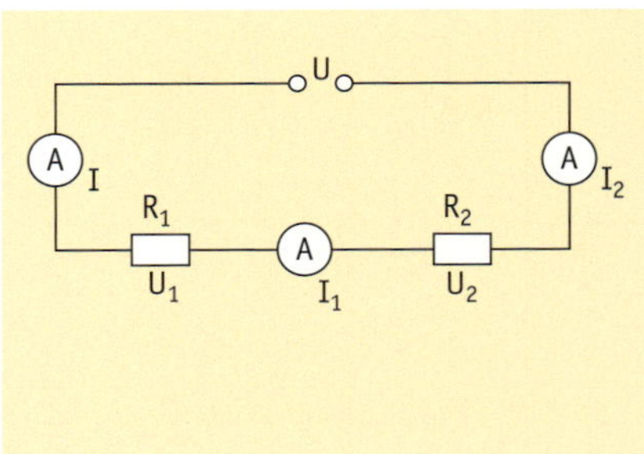	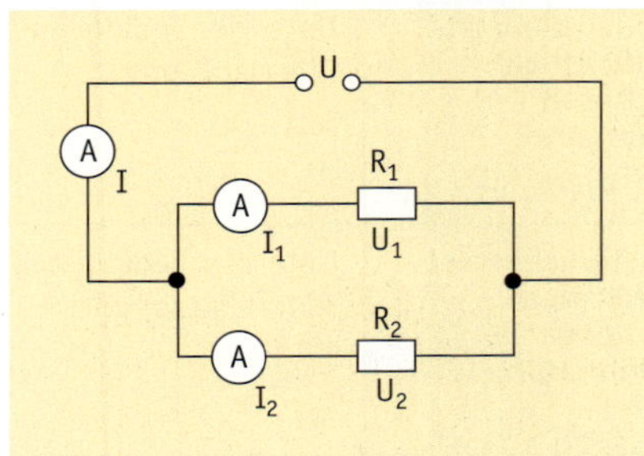
$I = I_1 = I_2$	$I = I_1 + I_2$
$U = U_1 + U_2$	$U = U_1 = U_2$
$R = R_1 + R_2$	$\frac{1}{R} = \frac{1}{R_1} + \frac{1}{R_2}$ $\quad R = \frac{R_1 \cdot R_2}{R_1 + R_2}$
Spannungsteilerregel: $\frac{U_1}{U_2} = \frac{R_1}{R_2}$ $\quad \frac{U_1}{U} = \frac{R_1}{R}$	Stromteilerregel: $\frac{I_1}{I_2} = \frac{R_2}{R_1}$ $\quad \frac{I_1}{I} = \frac{R}{R_1}$

Reihenschaltung von Spannungsquellen	Parallelschaltung von Spannungsquellen
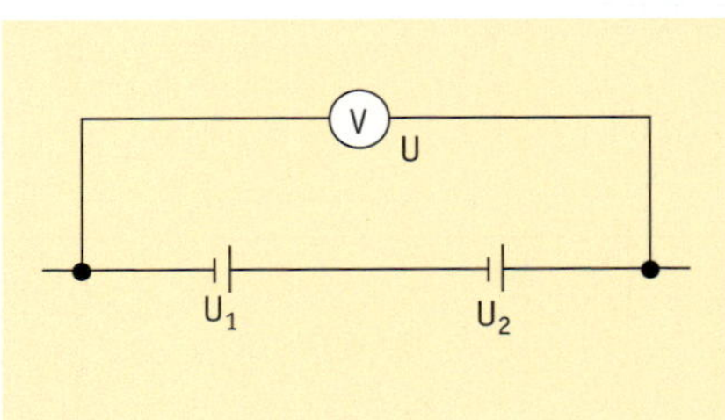	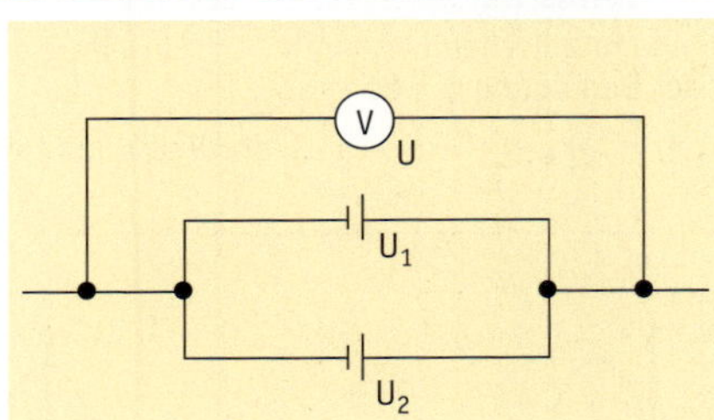
$U = U_1 + U_2$	Unter der Bedingung gleicher Spannungsquellen gilt: $U = U_1 = U_2$

Wechselstromkreis

Stromstärke im Wechselstromkreis	Effektivwert: $I = \frac{1}{\sqrt{2}} i_{max} \approx 0{,}7 \cdot i_{max}$	I Effektivwert i_{max} Maximalwert U Effektivwert u_{max} Maximalwert
Spannung im Wechselstromkreis	Effektivwert: $U = \frac{1}{\sqrt{2}} u_{max} \approx 0{,}7 \cdot u_{max}$ Der Effektivwert der Netzspannung beträgt 230 V.	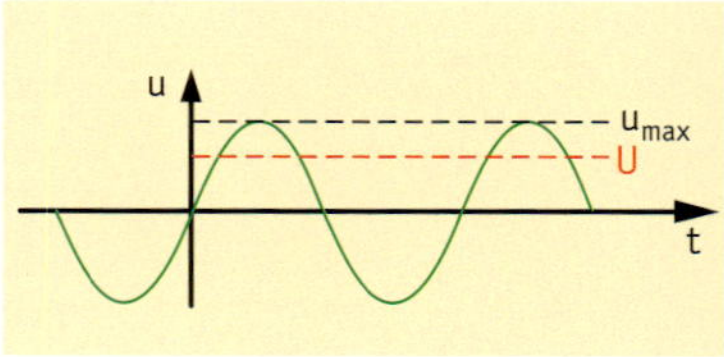

Transformator

Spannungsübersetzung für einen verlustlosen Transformator	Unter der Bedingung $I_2 \to 0$ (Leerlauf) gilt: $\frac{U_1}{U_2} = \frac{N_1}{N_2}$	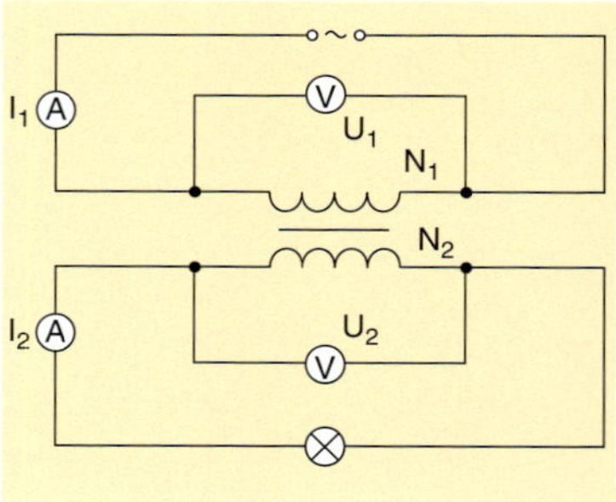
Stromstärkeübersetzung für einen verlustlosen Transformator	Unter der Bedingung $I_2 \to \infty$ (Kurzschluss) gilt: $\frac{I_1}{I_2} = \frac{N_2}{N_1}$	
Wirkungsgrad η eines Transformators	$\eta = \frac{P_2}{P_1}$	U Spannung I Stromstärke N Windungszahl P_2 abgegebene Leistung P_1 zugeführte Leistung

Widerstände im Wechselstromkreis

ohmscher Widerstand R	induktiver Widerstand X_L	kapazitiver Widerstand X_C
$R = \frac{U}{I}$	$X_L = \frac{U}{I}$	$X_C = \frac{U}{I}$
Für einen metallischen Leiter gilt unter der Bedingung ϑ = konstant: $R = \frac{\rho \cdot l}{A}$	Für eine Spule gilt: $X_L = 2\pi \cdot f \cdot L$	Für einen Kondensator gilt: $X_C = \frac{1}{2\pi \cdot f \cdot C}$
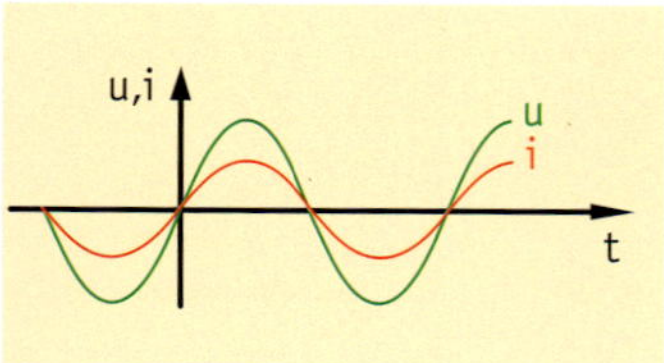	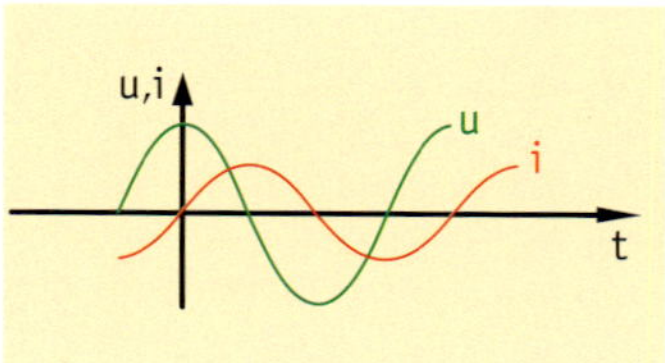	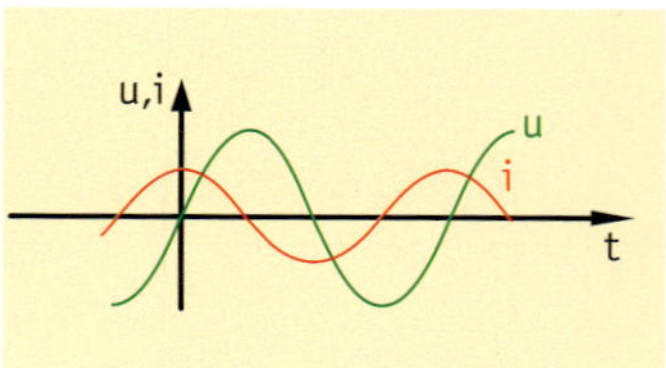

Elektromagnetische Schwingungen und Wellen

thomsonsche Schwingungsgleichung	$T = 2\pi \cdot \sqrt{L \cdot C}$	T Periodendauer L Induktivität C Kapazität
Eigenfrequenz f eines elektrischen Schwingkreises (ungedämpft)	Unter der Bedingung einer freien und ungedämpften Schwingung gilt: $f = \frac{1}{2\pi\sqrt{L \cdot C}}$	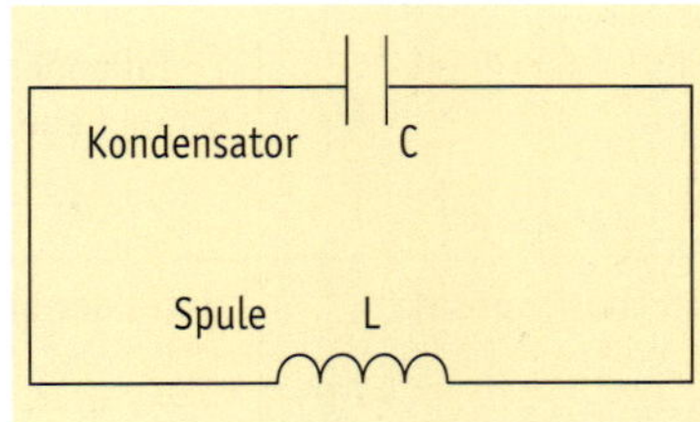
Resonanzbedingung	$f = f_e$	f Eigenfrequenz f_e Erregerfrequenz
Ausbreitungsgeschwindigkeit c elektromagnetischer Wellen	$c = \lambda \cdot f$	λ Wellenlänge (S. 61) f Frequenz (S. 61)
Frequenz f eines Dipols	Für die Grundschwingung eines Dipols gilt: $f = \frac{c}{2l}$	c Lichtgeschwindigkeit (S. 54) l Länge des Dipols
Länge l eines Dipols	Für den optimalen Empfang eines Senders gilt: $l = \frac{\lambda}{2}$	

Transistor

Stromstärke	$I_E = I_B + I_C$	I_E Emitterstromstärke I_B Basisstromstärke I_C Kollektorstromstärke
Stromverstärkungsfaktor B	$B = \frac{\Delta I_c}{\Delta I_B}$	
Schaltung von Transistoren	npn-Transistor (Bipolar-Transistor) 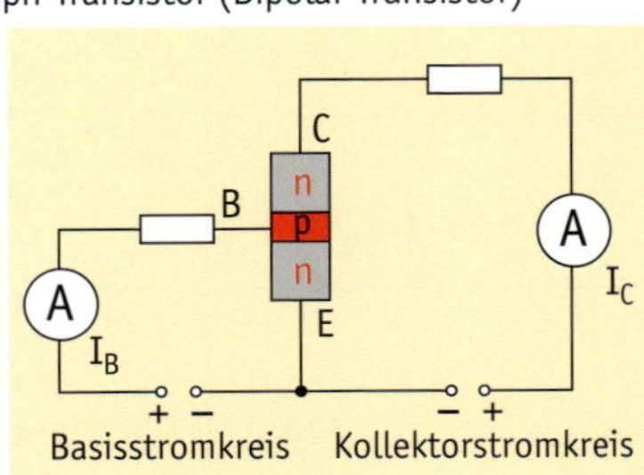 B Basis E Emitter C Kollektor	Feldeffekt-Transistor (MOSFET) 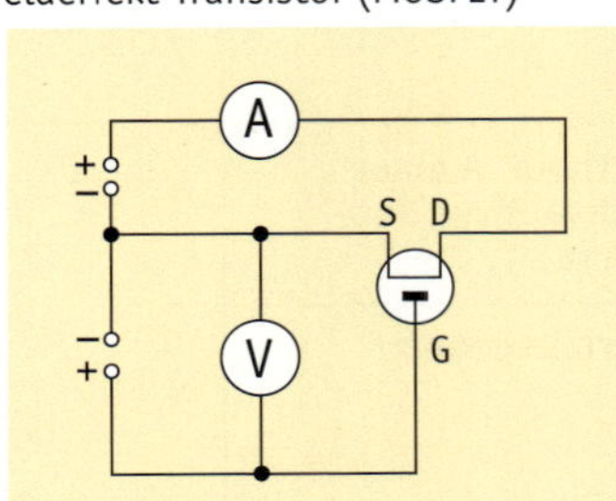 S Source D Drain G Gate

Ph4
Ph

Optik

Reflexionsgesetz	$\alpha = \alpha'$ Einfallender Strahl, Lot und reflektierter Strahl liegen in einer Ebene.	α Einfallswinkel α' Reflexionswinkel 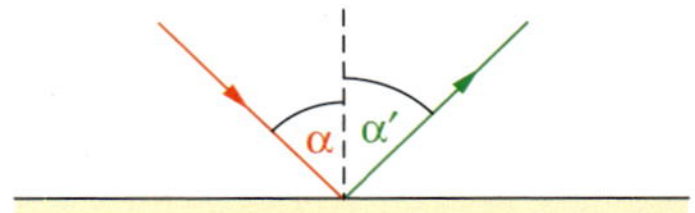
Brechungsgesetz	Unter der Bedingung, dass $\alpha \neq 0$ ist, gilt: $\frac{\sin\alpha}{\sin\beta} = \frac{c_1}{c_2}$ Bezogen auf Luft und Vakuum gilt: $\frac{\sin\alpha}{\sin\beta} = n$ Einfallender Strahl, Lot und gebrochener Strahl liegen in einer Ebene.	α Einfallswinkel β Brechungswinkel c_1, c_2 Lichtgeschwindigkeiten (S. 63) n Brechzahl (S. 63) 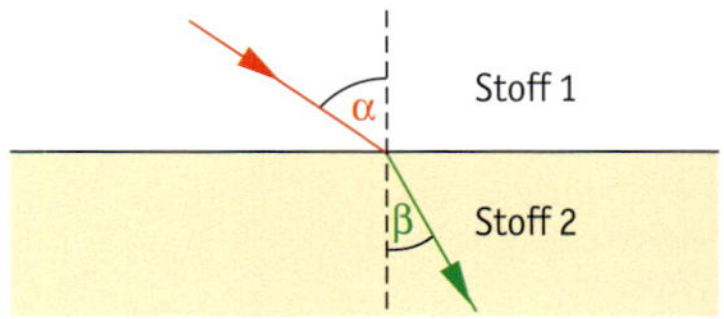
Abbildungsgleichung für dünne Linsen und für Spiegel	$\frac{1}{f} = \frac{1}{g} + \frac{1}{b}$	f Brennweite g Gegenstandsweite b Bildweite
Abbildungsmaßstab A für dünne Linsen und für Spiegel	$A = \frac{B}{G} = \frac{b}{g}$	B Bildgröße G Gegenstandsgröße

Atom- und Kernphysik

relative Atommasse A_r	$A_r = \frac{m_A}{u}$	m_A Masse des Atoms u atomare Masseeinheit (S. 54)
Nukleonenzahl A (Massenzahl)	$A = Z + N$	Z Protonenzahl (Kernladungszahl, Ordnungszahl im Periodensystem) N Neutronenzahl A Massenzahl
Symbolschreibweise	$^{A}_{Z}$ Symbol des Elements (z. B. $^{235}_{92}$U)	
Aktivität A einer radioaktiven Substanz	$A = \frac{\Delta N}{\Delta t}$	ΔN Anzahl der zerfallenen Atome Δt Zeitspanne
Zerfallsgesetz	$N = N_0 \cdot \left(\frac{1}{2}\right)^{\frac{t}{T_{1/2}}}$	N Anzahl der nicht zerfallenen Atomkerne N_0 Anzahl der zum Zeitpunkt $t = 0$ vorhandenen, nicht zerfallenen Atomkerne t Zeit $T_{1/2}$ Halbwertszeit (S. 63)

Schaltzeichen und Symbole

Schaltzeichen

	Kreuzung von Leitern ohne Verbindung	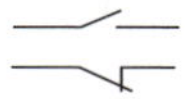	Schalter geöffnet Schalter geschlossen	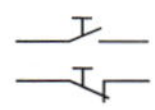	Taster als Schließer Öffner
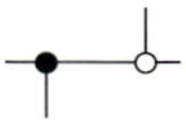	Leitungsverzwei- gung: fest, lösbar	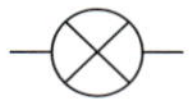	Glühlampe		Kondensator
	Erde (allgemein)		Glimmlampe	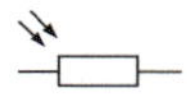	Fotowiderstand
	Sicherung		Spule mit Eisenkern	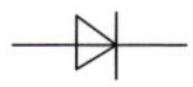	Diode
	Antenne	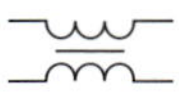	Transformator	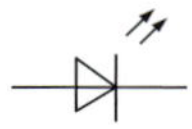	LED
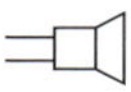	Lautsprecher		Widerstand (allgemein)	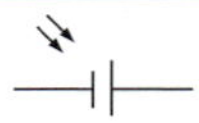	Fotoelement
	Gleichspannung Wechselspannung	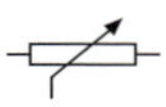	stellbarer Widerstand	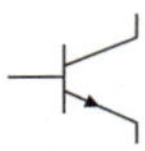	npn-Transistor
	Spannungsquelle (allgemein)	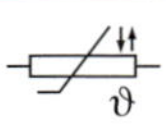	NTC-Widerstand (Heißleiter)	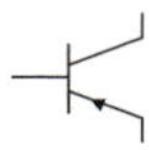	pnp-Transistor
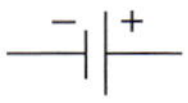	galvanische Spannungsquelle (Monozelle)	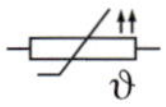	PTC-Widerstand (Kaltleiter)	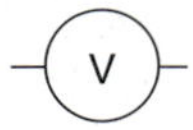	Spannungs- messgerät
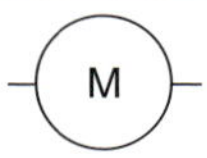	Motor	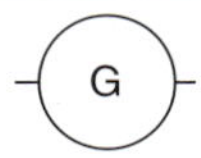	Generator	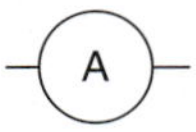	Stromstärke- messgerät

Internationaler Farbcode für Widerstände

Farbe	1. Ziffer	2. Ziffer	Multiplikator	Toleranz
Schwarz	0	0	x 1 Ω	–
Braun	1	1	x 10 Ω	± 1 %
Rot	2	2	x 100 Ω	± 2 %
Orange	3	3	x 1 000 Ω	–
Gelb	4	4	x 10 000 Ω	–
Grün	5	5	x 100 000 Ω	–
Blau	6	6	x 1 000 000 Ω	–
Violett	7	7	–	–
Grau	8	8	–	–
Weiß	9	9	–	–
Gold	–	–	x 0,1 Ω	± 5 %
Silber	–	–	x 0,01 Ω	± 10 %

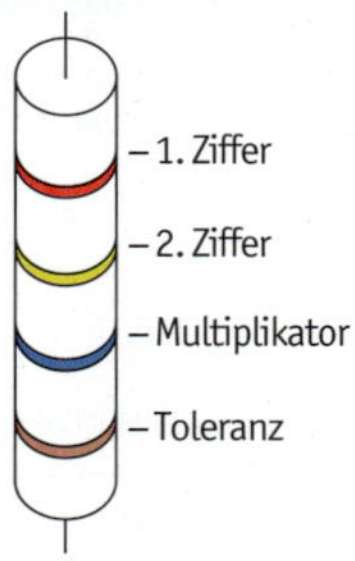

Astrophysikalische Konstanten, Größen und Zusammenhänge

Astrophysikalische Konstanten

Konstante	Formelzeichen	Wert der Konstanten
Lichtgeschwindigkeit im Vakuum	c	$299\,792{,}458\ \frac{km}{s}$
HUBBLE-Konstante	H	$50\ \frac{km}{s \cdot Mpc} \ldots 100\ \frac{km}{s \cdot Mpc}$
Solarkonstante	S	$1{,}36\ \frac{kW}{m^2}$

Einheiten für Länge und Zeit

Größe	Einheit		Beziehungen zwischen den Einheiten	
Länge	Astronomische Einheit (mittlere Entfernung Erde – Sonne)	AE	1 AE	$= 1{,}496 \cdot 10^{11}$ m $= 1{,}581 \cdot 10^{-5}$ ly $= 4{,}848 \cdot 10^{-6}$ pc
	Lichtjahr	ly	1 ly	$= 9{,}461 \cdot 10^{15}$ m $= 6{,}323 \cdot 10^{4}$ AE = 0,307 pc
	Parsec	pc	1 pc	$= 3{,}086 \cdot 10^{16}$ m = 3,262 ly $= 2{,}063 \cdot 10^{5}$ AE
Zeit	mittlerer Sonnentag	d	1 d	= 86 400 s = 24 h
	Sterntag		1 Sterntag	= 23 h 56 min 4,098 s = 0,997 27 d = 86 164 s
	siderisches Jahr		1 sid. Jahr	= 365,256 d $= 3{,}156 \cdot 10^{7}$ s

Astrophysikalische Zusammenhänge

Gravitationsgesetz (S.70)	$F = G \cdot \frac{m_1 \cdot m_2}{r^2}$	G Gravitationskonstante (S. 54) m_1, m_2 Massen der Körper r Abstand der Massenmittelpunkte
keplersche Gesetze	(S. 70)	
Kreisbahngeschwindigkeit, Fluchtgeschwindigkeit	(S. 70)	

Fluchtgeschwindigkeit v eines Sternsystems (Gesetz von HUBBLE)	$v = H \cdot r$	H r	HUBBLE-Konstante (S. 78) Entfernung des Sterns
Leuchtkraft L eines Sterns	$L = \frac{E}{t}$	E t	abgestrahlte Energie Zeit
Zusammenhang zwischen absolute Helligkeit M eines Sterns und seiner Entfernung r	$m - M = 5 \cdot \lg r - 5$	m r	scheinbare Helligkeit Entfernung des Sterns in Parsec
Entfernung r eines Sterns	$r = \frac{1\,pc \cdot 1''}{p}$	p	Parallaxe in Bogensekunden

Sonnensystem

Sonne, Erde, Mond

Größe	Sonne	Erde	Mond
mittlerer Radius	696 000 km	6 371 km	1 738 km
Masse	$1{,}99 \cdot 10^{30}$ kg	$5{,}97 \cdot 10^{24}$ kg	$7{,}35 \cdot 10^{22}$ kg
mittlere Dichte	$1{,}41\ \frac{g}{cm^3}$	$5{,}52\ \frac{g}{cm^3}$	$3{,}35\ \frac{g}{cm^3}$
Fallbeschleunigung an der Oberfläche	$274\ \frac{m}{s^2}$	$9{,}81\ \frac{m}{s^2}$	$1{,}62\ \frac{m}{s^2}$
Oberflächentemperatur	≈ 5 700 °C	−88 °C ... 60 °C	−160 °C ... 130 °C

mittlere Entfernung Erde – Sonne (eine astronomische Einheit)	149,6 Mio. km
mittlere Entfernung Erde – Mond	384 400 km

Planeten des Sonnensystems

Planet	mittlere Entfernung von der Sonne in Mio. km	Umlaufzeit um die Sonne in Jahren	mittlere Bahngeschwindigkeit in $\frac{km}{s}$	Radius in km	Masse in 10^{24} kg	mittlere Dichte in $\frac{g}{cm^3}$
Merkur	57,9	0,24	47,9	2 440	0,34	5,4
Venus	108,2	0,62	35,0	6 200	4,87	5,24
Erde	149,6	1,00	29,8	6 371	5,97	5,52
Mars	227,9	1,88	24,1	3 400	0,64	3,93
Jupiter	778,3	11,86	13,1	71 400	1 900	1,33
Saturn	1 427	29,46	9,6	60 400	569	0,69
Uranus	2 870	84,02	6,8	25 600	87	1,24
Neptun	4 496	164,79	5,4	24 800	103	1,65
Pluto	5 900	247,70	4,7	1 150	0,013	2,0

Zeitzonen der Erde und Ortszeiten

Westeuropäische Zeit (WEZ, Greenwicher Zeit, Weltzeit)	Ortszeit für 0° geographischer Länge (Greenwich bei London)	gültig z. B. für Großbritannien, Irland, Portugal	12 h MEZ = 11 h WEZ
Mitteleuropäische Zeit (MEZ)	Ortszeit für 15° östlicher Länge (Görlitz)	gültig z. B. für Dänemark, Schweden, Deutschland, Österreich, Italien	
Osteuropäische Zeit (OEZ)	Ortszeit für 30° östlicher Länge	gültig z. B. für Finnland, Bulgarien, Rumänien, Griechenland	12 h MEZ = 13 h OEZ

In vielen Ländern ist es üblich, von März/April bis September/Oktober die Sommerzeit einzuführen. Das bedeutet eine Stunde Verschiebung gegenüber der Zonenzeit.

Bezugszeit: Mitteleuropäische Zeit (MEZ)

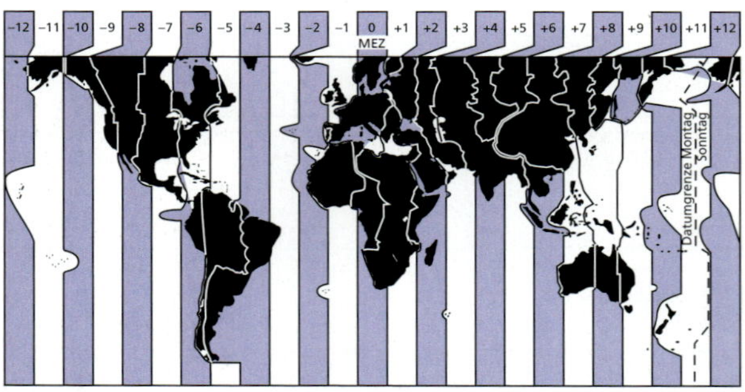

Ortszeiten, bezogen auf MEZ

Köln, Bonn, Saarbrücken	−32 min
Bremen, Stuttgart	−24 min
Hamburg, Ulm	−20 min
Erfurt, Nürnberg	−16 min
München, Schwerin	−14 min
Leipzig	−10 min
Berlin	−6 min
Dresden	−5 min
Görlitz	±0 min

Jährliche Bewegung der Erde um die Sonne

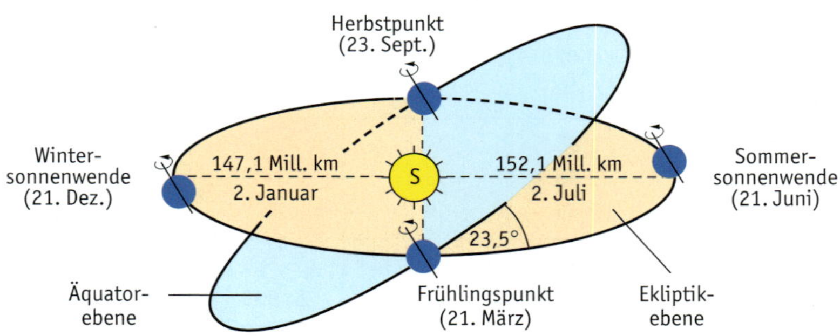

Sonnen- und Mondfinsternisse ab 1997

in Deutschland sichtbar

Mondfinsternisse			Sonnenfinsternisse		
Datum	**Uhrzeit***	**Art der Finsternis**	**Datum**	**Uhrzeit***	**Art der Finsternis**
24.03.97	5.39	partiell	11.08.99	12.03	total im Süden der Bundesrepublik Deutschland
16.09.97	19.47	total			
21.01.00	5.44	total	31.05.03	5.08	partiell
09.01.01	21.21	total			
16.05.03	4.40	total	03.10.05	11.32	partiell
09.11.03	2.19	total			
04.05.04	21.30	total	29.03.06	11.11	partiell
28.10.04	4.04	total			
07.09.06	19.51	partiell	01.08.08	11.21	partiell
04.03.07	0.21	total			

* Die Uhrzeit (in MEZ) bezieht sich auf die Mitte der Mondfinsternis bzw. auf den Höhepunkt der Sonnenfinsternis.

Sterne und Sternsysteme

Orientierung am Sternhimmel

Horizontsystem

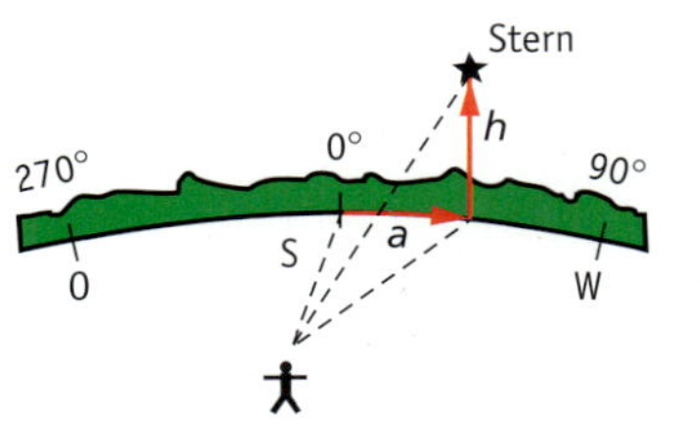

Koordinaten	Höhe h	Azimut a
Erläuterung	Winkelabstand des Sterns vom Horizont	Winkelabstand des Sterns vom Meridian
Definitionsbereich	$0° \leq h \leq +90°$	$0° \leq a < 360°$
Die Koordinaten sind vom Beobachtungsort und von der Beobachtungszeit abhängig.		

Äquatorsystem

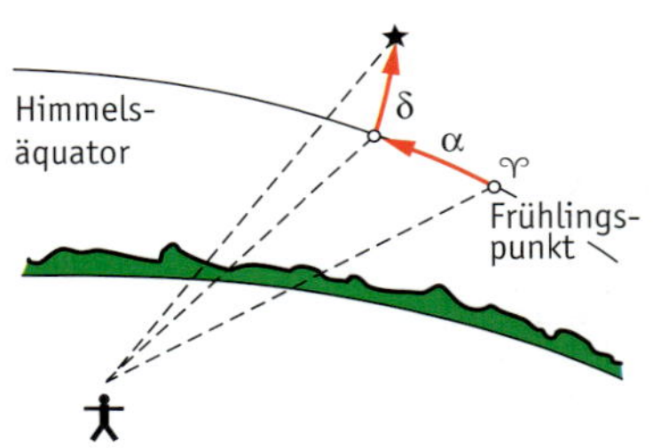

Koordinaten	Deklination δ	Rektaszension α
Erläuterung	Winkelabstand des Sterns vom Himmelsäquator	Winkelabstand des Sterns vom Frühlingspunkt
Definitionsbereich	$-90° \leq \delta \leq +90°$	$0\ h \leq \alpha < 24\ h$ $1\ h \triangleq 15°$
Die Koordinaten sind vom Beobachtungsort und von der Beobachtungszeit unabhängig.		

Tierkreissternbilder

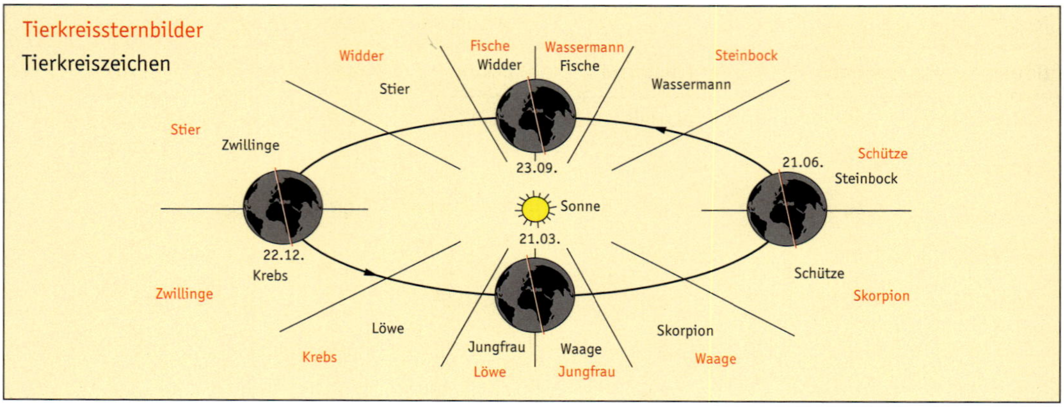

Die hellsten Sterne

von Mitteleuropa aus beobachtbar

Name	Sternbild	Farbe des Sternlichts	scheinbare Helligkeit
Sirius	Großer Hund	weiß	−1,43
Arktur	Bootes	orange	−0,06
Wega	Leier	weiß	0,04
Kapella	Fuhrmann	gelb	0,09
Beteigeuze	Orion	orange	0,1 … 1,2
Rigel	Orion	weiß	0,15
Prokyon	Kleiner Hund	gelb	0,37

Der Sonne benachbarte Sterne, Nebel und Galaxien

Auswahl

Name	Entfernung von der Sonne	Einordnung
Alpha Centauri **Sirius** **Procyon** **Atair** **Wega** **Kapella** **Polarstern**	4,3 Lichtjahre 8,7 Lichtjahre 11,3 Lichtjahre 16,5 Lichtjahre 26 Lichtjahre 45 Lichtjahre 650 Lichtjahre	sichtbare Sterne des Milchstraßensystems
Orion-Nebel **Krebsnebel**	1 630 Lichtjahre 3 260 Lichtjahre	galaktischer Nebel (leuchtende interstellare Materie)
Große Magellansche Wolke **Andromeda-Nebel**	$1{,}6 \cdot 10^5$ Lichtjahre $2{,}2 \cdot 10^6$ Lichtjahre	Galaxien

Periodische Kometen

Auswahl

Name	Jahr der Entdeckung	Umlaufzeit in Jahren	Entfernung von der Sonne in AE	
			kleinste	größte
Halley	1682	76,029	0,59	35,3
Encke	1786	3,300	0,34	4,1
Pons-Winnecke	1858	6,296	1,23	5,5
Giacobini-Zinner	1900	6,416	0,94	6,0
Whipple-Fedtke	1942	7,462	2,47	5,2

Meteorströme

Auswahl

Name	Beobachtungszeitraum	Maximum	durchschnittliche Anzahl der Meteore je Stunde	Herkunft
Quadrantiden	1.1. – 6.1.	3. 1.	110	planetarisch
Delta-Aquariden	15.7. – 15.8.	28. 7.	35	ekliptikal
Perseiden	25.7. – 18.8.	12. 8.	68	Swift-Tuttle
Leoniden	15.11. – 19.11.	17. 11.	variabel	Temple-Tuttle
Geminiden	7.12. – 15.12.	14. 12.	58	ekliptikal

Einige Daten der Galaxis (des Milchstraßensystems)

Gesamtmasse Anzahl der Sterne	$\approx 2{,}2 \cdot 10^{11}$ Sonnenmassen $\approx 2 \cdot 10^{11}$
Durchmesser Dicke	≈ 30 000 Parsec ≈ 98 000 Lichtjahre ≈ 5 000 Parsec ≈ 16 000 Lichtjahre
Abstand der Sonne vom Zentrum des Systems	≈ 10 000 Parsec ≈ 33 000 Lichtjahre
Abstand der Sonne von der Milchstraßenebene	≈ 15 Parsec nördlich
Richtung von der Sonne zum Zentrum	zu den Sternbildern Schütze und Schlangenträger
mittlere Dichte der Galaxis	$10^{-23}\ \frac{g}{cm^3}$
Anzahl der mit bloßem Auge sichtbaren Sterne	≈ 5000

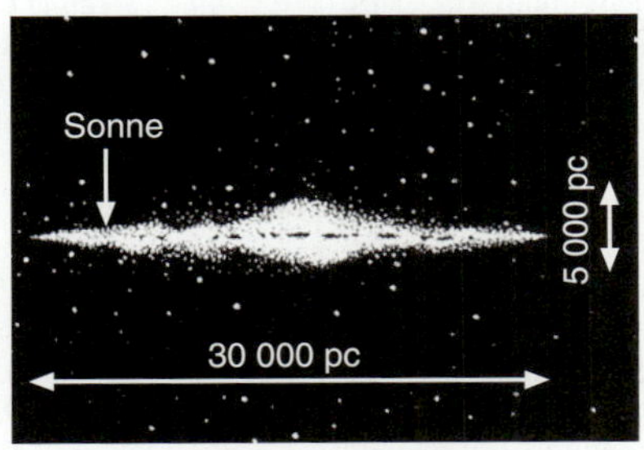

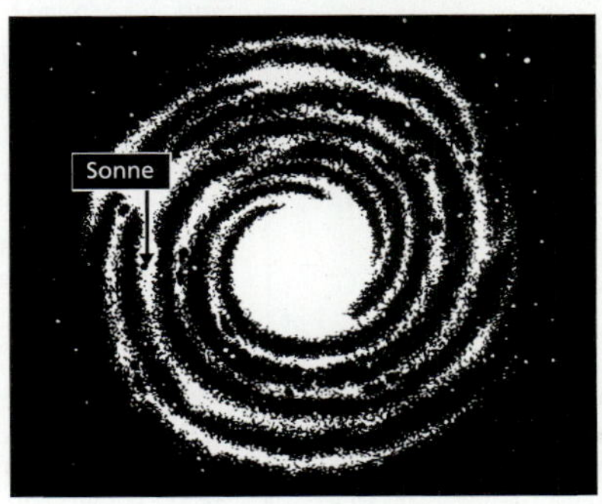

Eigenschaften von Stoffen

Elementsubstanzen

Name	Symbol	Ordnungszahl	Atommasse in u (S. 76)	Dichte ρ ◆ in $\frac{g}{cm^3}$ bei 25 °C	Schmelztemperatur ● ϑ_s in °C	Siedetemperatur ϑ_v in °C	häufige Oxidationszahlen
Actinium	Ac	89	[227]		1050	3 200	+3
Aluminium	Al	13	26,98	2,7	660	2 450	+3
Americium	Am	95	[243]	11,7	> 850	2 600	+3
Antimon	Sb	51	121,75	6,68	631	1 380	+3, +5, −3
Argon ◆	Ar	18	39,95	0,178 g · l^{-1}	−189	−186	0
Arsen (grau)	As	33	74,92	5,72	817 p	613 subl.	+3, +5, −3
Astat	At	85	[210]		302	335	+7, −1
Barium	Ba	56	137,33	3,50	714	1 640	+2
Berkelium	Bk	97	[247]				+3
Beryllium	Be	4	9,01	1,85	1 280	2 480	+2
Bismut	Bi	83	208,98	9,8	271	1 560	+3, −3
Blei	Pb	82	207,2	11,4	327	1 740	+2, +4
Bohrium	Bh	107	[262]				
Bor	B	5	10,81	2,34	(2 030)	3 900	+3
Brom	Br	35	79,90	3,12	−7	58	+1, +3, +5, +7, −1
Cadmium	Cd	48	112,41	8,65	321	765	+2
Caesium	Cs	55	132,91	1,87	29	690	+1
Calcium	Ca	20	40,08	1,55	838	1 490	+2
Californium	Cf	98	[251]				
Cerium	Ce	58	140,12	6,78	795	3 470	+3
Chlor ◆	Cl	17	35,45	3,214 g · l^{-1}	−101	−35	+1, +3, +5, +7, −1
Chromium	Cr	24	51,996	7,19	1 900	2 642	+2, +3, +6
Cobalt	Co	27	58,93	8,90	1 490	2 900	+2, +3
Curium	Cm	96	[247]	7,0			+3
Dubnium	Db	105	[262]				
Dysprosium	Dy	66	162,50	8,54	1 410	2 600	+3
Einsteinium	Es	99	[254]				
Eisen	Fe	26	55,85	7,86	1 540	3 000	+2, +3, +6
Erbium	Er	68	167,26	9,05	1 500	2 900	
Europium	Eu	63	151,96	5,26	829	1 440	+3
Fermium	Fm	100	[257]				
Fluor ◆	F	9	18,998	1,695 g · l^{-1}	−220	−188	−1
Francium	Fr	87	[223]		(27)	(680)	+1
Gadolinium	Gd	64	157,25	7,89	1 310	3 000	+3
Gallium	Ga	31	69,72	5,91	30	2 400	+3
Germanium	Ge	32	72,59	5,32	937	2 830	+4, −4
Gold	Au	79	196,97	19,3	1 063	2 970	+1, +3
Hafnium	Hf	72	178,49	13,1	2 000	5 400	+4
Hassium	Hs	108	[262]				
Helium ◆	He	2	4,00	0,178 g · l^{-1}	−270	−269	0
Holmium	Ho	67	164,93	8,80	1 460	2 600	+3
Indium	In	49	114,82	7,31	156	2 000	+3
Iod	I	53	126,90	4,94	114	183	+1, +3, +5, +7, −1
Iridium	Ir	77	192,22	22,5	2 450	4 500	+3, +4
Kalium	K	19	39,10	0,86	64	760	+1
Kohlenstoff	C	6	12,01				+1, +2, +3, +4
(Grafit)				2,26	3 730	4 830	−1, −2, −3, −4
(Diamant)				3,51	> 3 550		
Krypton ◆	Kr	36	83,80	3,74 g · l^{-1}	−157	−152	0
Kupfer	Cu	29	63,55	8,96	1 083	2 600	+1, +2
Lanthan	La	57	138,91	6,17	920	3 470	+3
Lawrencium	Lr	103	[260]				

[ ] Die umklammerten Werte für die Atommasse geben die Massenzahl des Isotops mit der größten Halbwertszeit an.

◆ Dichte gasförmiger Stoffe bei 0 °C

● Schmelz- und Siedetemperatur bei 1013,25 hPa

Name	Symbol	Ordnungszahl	Atommasse in u (S. 76)	Dichte ρ ♦ in $\frac{g}{cm^3}$ bei 25 °C	Schmelztemperatur ● ϑ_s in °C	Siedetemperatur ϑ_v in °C	häufige Oxidationszahlen
Lithium	Li	3	6,94	0,53	180	1 330	+1
Lutetium	Lu	71	174,97	9,84	1 650	3 330	+3
Magnesium	Mg	12	24,31	1,74	650	1 110	+2
Mangan	Mn	25	54,94	7,43	1 250	2 100	+2, +4, +6, +7
Meitnerium	Mt	109	[266]				
Mendelevium	Md	101	[258]				
Molybdän	Mo	42	95,94	10,2	2 610	5 560	+6
Natrium	Na	11	22,99	0,97	98	892	+1
Neodymium	Nd	60	144,24	7,00	1 020	3 030	+3
Neon ♦	Ne	10	20,18	0,899 g · l^{-1}	−249	−246	0
Neptunium	Np	93	237,05	20,4	640		+5
Nickel	Ni	28	58,70	8,90	1 450	2 730	+2
Niobium	Nb	41	92,91	8,55	2 420	4 900	+5
Nobelium	No	102	[259]				
Osmium	Os	76	190,2	22,4	3 000	5 500	+4, +8
Palladium	Pd	46	106,4	12,0	1 550	3 125	+2, +4
Phosphor	P	15	30,97	1,82	44	280	+3, +5, −3
Platin	Pt	78	195,09	21,4	1 770	3 825	+2, +4
Plutonium	Pu	94	[244]	19,8	640	3 230	+4
Polonium	Po	84	[209]	9,4	254	962	+4, −2
Praseodymium	Pr	59	140,91	6,77	935	3 130	+3
Promethium	Pm	61	[145]		(1 030)	(2 730)	+3
Protactinium	Pa	91	231,04	15,4	(1 230)		+5
Quecksilber	Hg	80	200,59	13,53	−39	357	+1, +2
Radium	Ra	88	[226]	5,0	700	1 530	+2
Radon ♦	Rn	86	[222]	9,37 g · l^{-1}	−71	−62	0
Rhenium	Re	75	186,21	21,0	3 180	5 630	+7
Rhodium	Rh	45	102,91	12,4	1 970	3 730	+3, +4
Rubidium	Rb	37	85,47	1,53	39	688	+1
Ruthenium	Ru	44	101,07	12,2	2 300	3 900	+4, +8
Rutherfordium	Rf	104	[261]				
Samarium	Sm	62	150,35	7,54	1 070	1 900	+3
Sauerstoff ♦	O	8	15,999	1,429 g · l^{-1}	−219	−183	−1, −2
Scandium	Sc	21	44,96	3,0	1 540	2 730	+3
Schwefel	S	16	32,06				+4, +6, −2
rhombisch				2,07	113		
monoklin				1,96	119	445	
Seaborgium	Sg	106	[262]				
Selen (grau)	Se	34	78,96	4,80	217	685	+4, +6, −2
Silber	Ag	47	107,87	10,5	961	2 210	+1
Silicium	Si	14	28,09	2,33	1 410	2 680	+4, −4
Stickstoff ♦	N	7	14,007	1,251 g · l^{-1}	−210	−196	+3, +5, −3
Strontium	Sr	38	87,62	2,6	770	1 380	+2
Tantal	Ta	73	180,95	16,6	3 000	5 430	+5
Technetium	Tc	43	[97]	11,5	2 140	(4 600)	+7
Tellur	Te	52	127,60	6,24	450	1 390	+4, +6,−2
Terbium	Tb	65	158,92	8,27	1 360	2 800	+3
Thallium	Tl	81	204,37	11,85	303	1 460	+3
Thorium	Th	90	232,04	11,7	1 700	4 200	+4
Thulium	Tm	69	168,93	9,33	1 550	1 730	+3
Titanium	Ti	22	47,90	4,5	1 670	3 260	+4
Uran	U	92	238,03	18,90	1 130	3 820	+4, +5, +6
Vanadium	V	23	50,94	5,8	1 900	3 450	+5
Wasserstoff ♦	H	1	1,008	0,089 g · l^{-1}	−259	−253	+1, −1
Wolfram	W	74	183,85	19,3	3 380	5 930	+6
Xenon ♦	Xe	54	131,30	5,89 g · l^{-1}	−112	−108	0
Ytterbium	Yb	70	173,04	6,98	824	1 430	+3
Yttrium	Y	39	88,91	4,5	1 500	2 930	+3
Zink	Zn	30	65,38	7,14	419	906	+2
Zinn	Sn	50	118,69	7,30	232	2 270	+2, +4
Zirconium	Zr	40	91,22	6,49	1 850	3 580	+4

Anorganische Verbindungen

Name	Formel	Aggregatzustand bei 25 °C	Dichte ♦ ρ in $\frac{g}{cm^3}$ bei 25 °C	molare Masse in $\frac{g}{mol}$	Schmelztemperatur ϑ_s in °C	Siedetemperatur ϑ_v in °C
Aluminiumbromid	$AlBr_3$	s	2,6	266,7	97,4	257
Aluminiumchlorid	$AlCl_3$	s	2,4	133,3	192,5 p	180 subl.
Aluminiumhydroxid	$Al(OH)_3$	s	2,4	78,0	> 170	–
Aluminiumoxid	Al_2O_3	s	4,0	101,9	2 045	≈ 3 000
Aluminiumsulfat	$Al_2(SO_4)_3$	s	2,7	342,1	605 z	–
Ammoniak ♦	NH_3	g	0,77 g·l^{-1}	17,0	−78	−33,5
Ammoniumchlorid	NH_4Cl	s	1,5	53,5	–	335 subl.
Ammoniumnitrat	NH_4NO_3	s	1,7	80,0	169	200 z
Ammoniumsulfat	$(NH_4)_2SO_4$	s	1,8	132,1	280 z	–
Arsentrioxid	As_2O_3	s	3,7	197,8	309	459
Bariumcarbonat	$BaCO_3$	s	4,4	197,4	1 350	–
Bariumchlorid	$BaCl_2$	s	3,9	208,2	963	1 562
Bariumhydroxid	$Ba(OH)_2$	s	4,5	171,4	408	–
Bariumoxid	BaO	s	5,7	153,3	1 920	–
Bariumsulfat	$BaSO_4$	s	4,5	233,4	1 350	–
Blei(II)-chlorid	$PbCl_2$	s	5,8	278,1	498	954
Blei(II)-nitrat	$Pb(NO_3)_2$	s	4,5	331,2	470 z	–
Blei(II)-oxid	PbO	s	9,5	223,2	890	1 470
Blei(II, IV)-oxid (Mennige)	Pb_3O_4	s	9,1	685,6	500 z	–
Blei(IV)-oxid	PbO_2	s	9,4	239,2	290 z	–
Blei(II)-sulfat	$PbSO_4$	s	6,2	303,3	1 170	–
Blei(II)-sulfid	PbS	s	7,5	239,3	1 114	–
Borsäure	H_3BO_3	s	1,4	61,8	185 z	–
Bromwasserstoff ♦	HBr	s	3,644 g·l^{-1}	80,9	−87	−67
Calciumbromid	$CaBr_2$	s	3,3	199,9	730	810
Calciumcarbid	CaC_2	s	2,2	64,1	2 300	–
Calciumcarbonat	$CaCO_3$	s	2,7	100,1	900 z	–
Calciumchlorid	$CaCl_2$	s	2,1	111,0	772	>1 600
Calciumfluorid	CaF_2	s	3,2	78,1	1 392	(2 500)
Calciumhydroxid	$Ca(OH)_2$	s	2,3	74,1	580 z	–
Calciumnitrat	$Ca(NO_3)_2$	s	2,5	164,1	561	–
Calciumoxid	CaO	s	3,3	56,1	2 570	2 850
Calciumphosphat	$Ca_3(PO_4)_2$	s	3,1	310,2	1 670	–
Calciumsulfat	$CaSO_4$	s	3,0	136,1	1 450	–
Chlorwasserstoff ♦	HCl	g	1,639 g·l^{-1}	36,5	−114	−85
Chromium(II)-chlorid	$CrCl_2$	s	2,9	122,9	815	–
Chromium(III)-oxid	Cr_2O_3	s	5,2	152,0	2 437	(3 000)
Cobaltchlorid	$CoCl_2$	s	3,4	129,8	727	1050

s – fest (solid)
subl. – sublimiert
♦ Dichte gasförmiger Stoffe bei 0 °C

p – unter Druck
g – gasförmig (gaseous)

l – flüssig (liquid)
z – zersetzlich
• Schmelz- und Siedetemperatur bei 1013,25 hPa

Name	Formel	Aggregatzustand bei 25 °C	Dichte ♦ ρ in $\frac{g}{cm^3}$ bei 25 °C	molare Masse in $\frac{g}{mol}$	Schmelztemperatur ϑ_s in °C	Siedetemperatur ϑ_v in °C
Eisen(III)-chlorid	$FeCl_3$	s	2,8	162,2	306	315
Eisen(III)-hydroxid	$Fe(OH)_3$	s	3,9	106,9	500 z	–
Eisen(II)-oxid	FeO	s	5,7	71,8	1 380	–
Eisen(II, III)-oxid	Fe_3O_4	s	5,2	231,5	1 538 z	–
Eisen(III)-oxid	Fe_2O_3	s	5,2	159,7	1 560	–
Eisen(II)-sulfat	$FeSO_4$	s	2,84	151,9	z	–
Eisen(II)-sulfid	FeS	s	4,8	87,9	1 195	–
Eisensulfid (Pyrit)	FeS_2	s	5,0	120,0	1 171	z
Fluorwasserstoff ♦	HF	g	0,987 (l)	20,0	−83	19
Iodwasserstoff ♦	HI	g	5,79 $g \cdot l^{-1}$	127,9	−51	−35
Kaliumbromid	KBr	s	2,7	119,0	734	1 380
Kaliumcarbonat	K_2CO_3	s	2,3	138,2	897	z
Kaliumchlorat	$KClO_3$	s	2,3	122,6	368	400 z
Kaliumchlorid	KCl	s	2,0	74,6	770	1 407
Kaliumchromat	K_2CrO_4	s	2,7	194,2	975	z
Kaliumcyanid	KCN	s	1,5	65,1	623	–
Kaliumdichromat	$K_2Cr_2O_7$	s	2,7	294,2	398	500 z
Kaliumhydroxid	KOH	s	2,0	56,1	360	1 327
Kaliumiodat	KIO_3	s	3,9	214,0	560	z
Kaliumiodid	KI	s	3,1	166,0	681	1 324
Kaliumnitrat	KNO_3	s	2,1	101,1	338	400 z
Kaliumpermanganat	$KMnO_4$	s	2,7	158,0	240 z	–
Kaliumphosphat	K_3PO_4	s	2,6	212,3	1 340	–
Kaliumsulfat	K_2SO_4	s	2,7	174,3	1 074	1 689
Kaliumoxid	K_2O	s	2,3	94,2	350 z	–
Kohlenstoffdioxid ♦	CO_2	g	1,977 $g \cdot l^{-1}$	44,0	−56,6 p	−78,4 subl.
Kohlenstoffdisulfid	CS_2	l	1,3	76,1	−111	46
Kohlenstoffmonooxid ♦	CO	g	1,250 $g \cdot l^{-1}$	28,0	−205	−190
Kupfer(I)-chlorid	$CuCl$	s	3,5	99,0	430	1 490
Kupfer(II)-chlorid	$CuCl_2$	s	3,4	134,4	498	993 z
Kupfer(II)-nitrat	$Cu(NO_3)_2$	s	–	187,6	–	–
Kupfer(I)-oxid	Cu_2O	s	6,0	143,1	1 230	1 800 z
Kupfer(II)-oxid	CuO	s	6,4	79,5	1 026 z	–
Kupfer(II)-sulfat	$CuSO_4$	s	3,6	159,6	650 z	–
Magnesiumbromid	$MgBr_2$	s	3,7	184,1	700	–
Magnesiumchlorid	$MgCl_2$	s	2,3	95,2	712	1 418
Magnesiumhydroxid	$Mg(OH)_2$	s	2,4	58,3	350 z	–
Magnesiumnitrat	$Mg(NO_3)_2$	s	–	148,3	–	–
Magnesiumoxid	MgO	s	3,6	40,3	2 800	3 600
Magnesiumsulfat	$MgSO_4$	s	2,7	120,4	1 124 z	–
Manganchlorid	$MnCl_2$	s	3,0	125,9	650	1 190

Name	Formel	Aggregatzustand bei 25 °C	Dichte ♦ ρ in $\frac{g}{cm^3}$ bei 25 °C	molare Masse in $\frac{g}{mol}$	Schmelztemperatur ϑ_s in °C	Siedetemperatur ϑ_v in °C
Mangan(IV)-oxid	MnO_2	s	5,0	86,9	535 z	z
Mangansulfat	$MnSO_4$	s	3,2	151,0	700	850 z
Natriumbromid	NaBr	s	3,2	102,9	747	1 390
Natriumcarbonat	Na_2CO_3	s	2,5	106,0	854	z
Natriumchlorid	NaCl	s	2,2	58,5	801	1 465
Natriumhydrogencarbonat	$NaHCO_3$	s	2,2	84,0	270 z	–
Natriumhydroxid	NaOH	s	2,1	40,0	322 p	1 378
Natriumnitrat	$NaNO_3$	s	2,3	85,0	310	z
Natriumnitrit	$NaNO_2$	s	2,2	69,0	271	320 z
Natriumphosphat	Na_3PO_4	s	2,5	163,9	1 340	–
Natriumsulfat	Na_2SO_4	s	2,7	142,0	884	–
Natriumthiosulfat	$Na_2S_2O_3$	s	1,7	158,1	z	–
phosphorige Säure	H_3PO_3	s	1,6	82,0	74	200 z
Phosphorpentaoxid	P_4O_{10}	s	2,4	284,0	580	300 subl.
Phosphorpentachlorid	PCl_5	g	1,6	208,3	167	164 z
Phosphorsäure	H_3PO_4	s	1,8	98,0	42	213 z
Phosphortrichlorid	PCl_3	g	1,6	137,3	−91	74
Quecksilber(II)-chlorid	$HgCl_2$	s	5,4	271,5	277	304
Quecksilber(II)-oxid	HgO	s	11,1	216,6	500 z	–
Salpetersäure	HNO_3	l	1,5	63	−47	86
Schwefeldioxid ♦	SO_2	g	2,926 g·l^{-1}	64,1	−73	−10
Schwefelsäure	H_2SO_4	l	1,8	98,1	10	338 z
Schwefeltrioxid (a)	SO_3	s	2,75	80,1	17	45
Schwefelwasserstoff ♦	H_2S	g	1,529 g·l^{-1}	34,1	−86	−62
Silberbromid	AgBr	s	6,5	187,8	430	700 z
Silberchlorid	AgCl	s	5,6	143,3	455	1 564
Silberiodid	AgI	s	5,7	234,8	557	1 506
Silbernitrat	$AgNO_3$	s	4,4	169,9	209	444 z
Siliziumdioxid	SiO_2	s	2,6	60,1	1 700	2 230
Distickstoffpentoxid	N_2O_5	g	1,6	108,0	–	32 z
Distickstofftrioxid	N_2O_3	g	1,4 (l)	76,0	−102	–
Stickstoffdioxid ♦	NO_2	g	1,49 (l)	46,0	−11	21
Stickstoffmonooxid ♦	NO	g	1,340 g·l^{-1}	30	−164	−152
Wasser	H_2O	l	0,997 ■	18,0	0	100
Wasserstoffperoxid	H_2O_2	l	1,4	34,0	−0,4	158
Zinkchlorid	$ZnCl_2$	s	2,9	136,3	283	732
Zinkoxid	ZnO	s	5,5	81,4	1 970	subl.
Zinksulfid	ZnS	s	4,1	97,4	1 020 p	subl.

♦ Dichte gasförmiger Stoffe bei 0 °C

● Schmelz- und Siedetemperatur bei 1013,25 hPa

■ Dichte von Wasser: bei 0 °C 0,99984 $\frac{g}{cm^3}$; bei 4 °C 0,99997 $\frac{g}{cm^3}$; bei 100 °C 0,95835 $\frac{g}{cm^3}$

Organische Verbindungen

Name	Summenformel	vereinfachte Strukturformel	Aggregatzustand bei 25 °C	Dichte ♦ ρ in $\frac{g}{cm^3}$ bei 25 °C	molare Masse in $\frac{g}{mol}$	Schmelztemperatur ϑ_s in °C	Siedetemperatur ϑ_v in °C
2-Aminoethansäure (Glycin)	NH_2CH_2COOH	$\overset{NH_2}{H_2C}-C\genfrac{}{}{0pt}{}{\neq O}{\diagdown OH}$	s	0,828 (17 °C)	75,1	262 z	–
Aminobenzol (Anilin)	$C_6H_5NH_2$	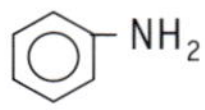	l	1,02	93,1	−6,3	184,1
Benzaldehyd	C_6H_5CHO	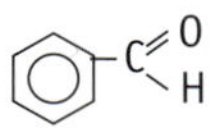	l	1,042 (15 °C)	106,1	−26	178,1
Benzoesäure	C_6H_5COOH	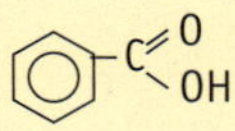	s	1,266 (15 °C)	122,1	122,4	249
Benzol (Benzen)	C_6H_6	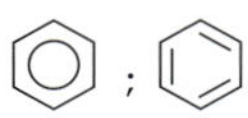	l	0,874	78,1	5,5	80,1
2-Brompropan	C_3H_7Br	$H_3C-\underset{Br}{CH}-CH_3$	l	1,306	123,0	−89	59,4
Bromethan	C_2H_5Br	H_3C-CH_2-Br	l	1,451	109	−118,6	38,4
Brommethan	CH_3Br	H_3C-Br	g	1,662 (l)	94,9	−93,6	3,6
Buta-1,3-dien	C_4H_6	$H_2C{=}CH-CH{=}CH_2$	g	0,650 (−6 °C)	54,1	−108,9	−4,4
Butan ♦	C_4H_{10}	$H_3C-CH_2-CH_2-CH_3$	g	2,703 $g \cdot l^{-1}$	58,1	−138,4	−0,5
Butansäure (Buttersäure)	C_3H_7COOH	$H_3C-CH_2-CH_2-C\genfrac{}{}{0pt}{}{\neq O}{\diagdown OH}$	l	0,952	88,1	−5,2	163,3
Butansäureethylester	$C_3H_7COOC_2H_5$	$H_3C-CH_2-CH_2-C\genfrac{}{}{0pt}{}{\neq O}{\diagdown O-CH_2-CH_3}$	l	0,879 (20 °C)	116,15	−93,3	120
Chlorbenzol	C_6H_5Cl	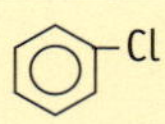	l	1,106	112,6	−45	132
Chlorethan	C_2H_5Cl	H_3C-CH_2-Cl	g	0,917 (6 °C)	64,5	−136,4	12,3
Chlorethansäure	$ClCH_2COOH$	$Cl-CH_2-C\genfrac{}{}{0pt}{}{\neq O}{\diagdown OH}$	s	1,404 (40 °C)	94,5	63	187,9
Chlorethen (Vinylchlorid)	C_2H_3Cl	$H_2C{=}CH-Cl$	g	0,901 (l)	62,5	−153,8	−13,4
Chlormethan ♦	CH_3Cl	H_3C-Cl	g	2,307 $g \cdot l^{-1}$	50,5	−97,7	−24,2
1,2-Dichlorbenzol	$C_6H_4Cl_2$	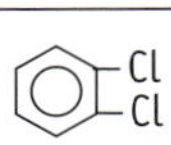	l	1,305	147,0	−17	179

♦ Dichte gasförmiger Stoffe bei 0 °C

• Schmelz- und Siedetemperatur bei 1013,25 hPa

Name	Summenformel	vereinfachte Strukturformel	Aggregatzustand bei 25 °C	Dichte ♦ ρ in $\frac{g}{cm^3}$ bei 25 °C	molare Masse in $\frac{g}{mol}$	Schmelztemperatur ϑ_s in °C	Siedetemperatur ϑ_v in °C
1,3-Dichlorbenzol	$C_6H_4Cl_2$	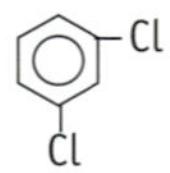	l	1,288	147,0	−25	172
1,2-Dichlorethan	$C_2H_4Cl_2$	$Cl{-}CH_2{-}CH_2{-}Cl$	l	1,246	99,0	−35,7	83,5
Dichlormethan	CH_2Cl_2	$Cl{-}CH_2{-}Cl$	l	1,316	84,9	−95,1	39,8
Diethylether	$C_2H_5OC_2H_5$	$H_3C{-}CH_2{-}O{-}CH_2{-}CH_3$	l	0,714	74,1	−116,2	34,51
Dimethylether	C_2H_6O	$H_3C{-}O{-}CH_3$	g		46,1	−138,5	−23
Ethan ♦	C_2H_6	$H_3C{-}CH_3$	g	$1{,}356\ g \cdot l^{-1}$	30,1	−183,3	−88,6
Ethanal (Acetaldehyd)	CH_3CHO	$H_3C{-}C(=O){-}H$	g	0,788 (13 °C)	44,1	−123	20,1
Ethan-1,2-diol (Glykol)	$C_2H_4(OH)_2$	$H_2C(OH){-}CH_2(OH)$	l	1,109	62,1	−15,6	197,8
Ethandisäure (Oxalsäure)	$(COOH)_2$	$HO(O{=})C{-}C(=O)OH$	s	1,90 (17 °C)	90,0	157 subl.	
Ethanol	C_2H_5OH	$H_3C{-}CH_2{-}OH$	l	0,785	46,1	−114,1	78,3
Ethansäure (Essigsäure)	CH_3COOH	$H_3C{-}C(=O){-}OH$	l	1,044	60,1	16,7	117,9
Ethansäuremethylester	CH_3COOCH_3	$H_3C{-}C(=O){-}O{-}CH_3$	l	0,933	74,1	−98,1	57,0
Ethen ♦	C_2H_4	$H_2C{=}CH_2$	g	$1{,}260\ g \cdot l^{-1}$	28,1	−169,2	−103,7
Ethin ♦ (Acetylen)	C_2H_2	$HC{\equiv}CH$	g	$1{,}170\ g \cdot l^{-1}$	26,0	−80,8	−84,0
Glucose (α-D-Glucose) (Traubenzucker)	$C_6H_{12}O_6$	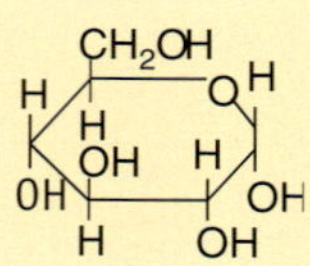	s	1,54	180,0	146	200 z
Harnstoff	$CO(NH_2)_2$	$O{=}C(NH_2)_2$	s	1,32	60,1	132,7	z
Hexadecansäure (Palmitinsäure)	$C_{15}H_{31}COOH$	$H_3C{-}(CH_2)_{14}{-}C(=O){-}OH$	s	0,85 (62 °C)	256,4	62,2	219 p
Hexan	C_6H_{14}	$H_3C{-}(CH_2)_4{-}CH_3$	l	0,655	86,2	−95,3	68,7
Hex-1-en	C_6H_{12}	$H_2C{=}CH{-}(CH_2)_3{-}CH_3$	l	0,668	84,2	−139,8	63,5
Methan ♦	CH_4	CH_4	g	$0{,}717\ g \cdot l^{-1}$	16,0	−182,5	−161,5

Name	Summenformel	vereinfachte Strukturformel	Aggregatzustand bei 25 °C	Dichte ♦ ρ in $\frac{g}{cm^3}$ bei 25 °C	molare Masse in $\frac{g}{mol}$	Schmelztemperatur ϑ_s in °C	Siedetemperatur ϑ_v in °C
Methanal (Formaldehyd)	$HCHO$	$H{-}C(=O){-}H$	g	0,82 (−20 °C)	30,0	−117	−19,2
Methanol	CH_3OH	$H_3C{-}OH$	l	0,787	32,0	−97,7	64,5
Methansäure (Ameisens.)	$HCOOH$	$H{-}C(=O){-}OH$	l	1,214	46,0	8,4	101
Methylbenzol (Toluol)	$C_6H_5CH_3$		l	0,862	92,1	−95	110,6
Milchsäure	$C_3H_6O_3$	$H_3C{-}CH(OH){-}COOH$	s		90,08	25−26	z
Natriumacetat	CH_3COONa	$H_3C{-}C(=O){-}ONa$	s	1,5	82,0	324	z
Nitrobenzol	$C_6H_5NO_2$	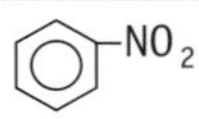	l	1,198	123,1	5,7	210,8
Octadekansäure (Stearinsäure)	$C_{17}H_{35}COOH$	$H_3C{-}(CH_2)_{16}{-}C(=O){-}OH$	s	0,84 (80 °C)	284,5	69,4	291 p
Octan	C_8H_{18}	$H_3C{-}(CH_2)_6{-}CH_3$	l	0,698	114,2	−56,8	125,7
Pentan	C_5H_{12}	$H_3C{-}(CH_2)_3{-}CH_3$	l	0,621	72,1	−129,7	36,1
Phenol	C_6H_5OH	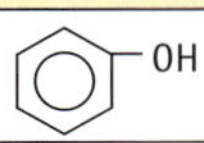	s	1,132	94,1	41,0	181,8
Propan ♦	C_3H_8	$H_3C{-}CH_2{-}CH_3$	g	2,019 g·l^{-1}	44,1	−187,7	−42,1
Propan-1-ol	C_3H_7OH	$H_3C{-}CH_2{-}CH_2{-}OH$	l	0,799	60,1	−126,2	97,2
Propan-2-ol	C_3H_7OH	$H_3C{-}CH(OH){-}CH_3$	l	0,781	60,1	−88,5	82,3
Propanon (Aceton)	CH_3COCH_3	$H_3C{-}C(=O){-}CH_3$	l	0,785	58,1	−94,7	56,1
Propan-1,2,3-triol (Glycerin)	$C_3H_5(OH)_3$	$H_2C(OH){-}CH(OH){-}CH_2(OH)$	l	1,26	92,1	17,9	290
Propen	C_3H_6	$H_2C{=}CH{-}CH_3$	g	1,937 g·l^{-1}	42,1	−185,3	−47,7
Propin	C_3H_4	$HC{\equiv}C{-}CH_3$	g	1,787 g·l^{-1}	40,1	−102,7	−23,2
Saccharose	$C_{12}H_{22}O_{11}$		s	1,588	342,3	185−186 z	−
Tetrachlormethan	CCl_4	$Cl{-}C(Cl)(Cl){-}Cl$	l	1,584	153,8	−23,0	76,5
Trichlormethan (Chloroform)	$CHCl_3$	$Cl{-}C(H)(Cl){-}Cl$	l	1,480	119,4	−63,5	61,7

♦ Dichte gasförmiger Stoffe bei 0 °C

• Schmelz- und Siedetemperatur bei 1013,25 hPa

Allgemeine Stoff- und Reaktionsangaben

Säuren

Säure		Säurerest-Ion	
Kohlensäure	H_2CO_3	Hydrogencarbonat-Ion Carbonat-Ion	HCO_3^- CO_3^{2-}
Salpetersäure	HNO_3	Nitrat-Ion	NO_3^-
salpetrige Säure	HNO_2	Nitrit-Ion	NO_2^-
Schwefelsäure	H_2SO_4	Hydrogensulfat-Ion Sulfat-Ion	HSO_4^- SO_4^{2-}
schweflige Säure	H_2SO_3	Hydrogensulfit-Ion Sulfit-Ion	HSO_3^- SO_3^{2-}
Phosphorsäure	H_3PO_4	Dihydrogenphosphat-Ion Hydrogenphosphat-Ion Phosphat-Ion	$H_2PO_4^-$ HPO_4^{2-} PO_4^{3-}
Chlorwasserstoffsäure (Salzsäure)	HCl	Chlorid-Ion	Cl^-
Bromwasserstoffsäure	HBr	Bromid-Ion	Br^-
Iodwasserstoffsäure	HI	Iodid-Ion	I^-
Fluorwasserstoffsäure	HF	Fluorid-Ion	F^-
Schwefelwasserstoffsäure	H_2S	Hydrogensulfid-Ion Sulfid-Ion	HS^- S^{2-}
Essigsäure	CH_3COOH	Acetat-Ion	CH_3COO^-
Ameisensäure	HCOOH	Formiat-Ion	$HCOO^-$

Löslichkeit ausgewählter Salze (20 °C, 1013 hPa)

In 100 g Wasser lösen sich a g Salz (Angabe im jeweiligen Feld) bis zur Sättigung

Ionen	Cl^-	Br^-	I^-	NO_3^-	SO_4^{2-}	S^{2-}	CO_3^{2-}	PO_4^{3-}
Na^+	35,85	90,5	179,3	88,0	19,08	19,0	21,58	12,1
K^+	34,35	65,6	144,5	31,5	11,15	–	111,5	23,0
NH_4^+	37,4	73,9	172,0	187,7	75,4	–	100,0	20,3
Ba^{2+}	35,7	104,0	170,0	9,03	$2{,}3 \cdot 10^{-4}$	–	$2 \cdot 10^{-3}$	–
Mg^{2+}	54,25	102,0	148,1	70,5	35,6	–	0,18	–
Ca^{2+}	74,5	142,0	204,0	127,0	0,2		$1{,}5 \cdot 10^{-3}$	$1{,}9 \cdot 10^{-2}$
Zn^{2+}	367,0	447,0	432,0	117,5	53,8	–	$2 \cdot 10^{-2}$	–
Pb^{2+}	0,97	0,84	0,07	52,5	$4{,}2 \cdot 10^{-3}$	$8{,}6 \cdot 10^{-5}$	$1{,}7 \cdot 10^{-4}$	$1{,}3 \cdot 10^{-5}$
Cu^{2+}	77,0	122	–	121,9	21,1	$2{,}9 \cdot 10^{-3}$	–	–
Fe^{2+}	62,2	–	–	–	26,6	$6 \cdot 10^{-4}$	–	–
Ag^+	$1{,}5 \cdot 10^{-4}$	$1{,}2 \cdot 10^{-5}$	$2{,}5 \cdot 10^{-7}$	215,5	0,74	$1{,}4 \cdot 10^{-5}$	$3 \cdot 10^{-3}$	$6{,}5 \cdot 10^{-4}$
Al^{3+}	45,6	–	–	73,0	36,3	–	–	–

Ch2

Ch

pH-Wert-Skala

Eigenschaft der Lösung	stark sauer	schwach sauer	neutral	schwach alkalisch	stark alkalisch
Ursache	Konzentration der Hydronium-Ionen H_3O^+ ←			Konzentration der Hydroxid-Ionen OH^- →	
Universal-indikator-papier					
pH-Wert	0 1 2	3 4 5 6	7	8 9 10	11 12 13 14

Säure-Base-Indikatoren

Name	angezeigte Farben pH_1	< pH_2	pH-Umschlagsbereich
Kresolrot	rot	gelb	0,2 – 1,8
Thymolblau	rot	gelb	1,2 – 2,8
Methylgelb	rot	gelb	2,4 – 4,0
Methylorange	rot	gelb	3,1 – 4,4
Methylrot	rosa	gelb	4,4 – 6,2
Lackmus	rot	blau	5,0 – 8,0
Bromthymolblau	gelb	blau	6,0 – 7,6
Kresolrot	gelb	violett-rot	7,0 – 8,8
Thymolblau	gelb	blau	8,0 – 9,6
Phenolphthalein	farblos	rot	8,3 – 10,0
Alizaringelb R	gelb	orangebraun	10,1 – 12,0

Dichten und Stoffmengenkonzentrationen handelsüblicher Lösungen

in Wasser gelöster Stoff	konzentriert			verdünnt		
	Massenanteile ω_i in %	Dichte ρ bei 20 °C in $g \cdot ml^{-1}$	Stoffmengenkonzentration in $mol \cdot l^{-1}$	Massenanteile ω_i in %	Dichte ρ bei 20 °C in $g \cdot ml^{-1}$	Stoffmengenkonzentration in $mol \cdot l^{-1}$
HCl (g)	36	1,179	12	7	1,033	2
HNO_3 (l)	65	1,391	14,53	12	1,066	2
H_2SO_4 (l)	96	1,836	17,97	9	1,059	1
H_3PO_4 (s)	85	1,71	14,65	10	1,05	1,1
CH_3COOH (l)	99	1,052	17,35	12	1,015	2
$NaOH$ (s)	32	1,35	10,79	8	1,087	2,2
KOH (s)	27	1,256	6,12	11	1,100	2,2
NH_3 (g)	25	0,907	13,35	3	0,981	1,7
C_2H_5OH (l)	96	0,8	16,7	6	0,988	1

Ch2

Ch

Flammenfärbung ausgewählter Metalle

Lithium	karminrot	Caesium	blauviolett
Natrium	gelb	Calcium	ziegelrot
Kalium	hellviolett	Strontium	karminrot
Rubidium	rotviolett	Barium	fahlgrün
Kupfer	grün	Blei	bläulich

Reagenzlösungen

Chlorwasser T; R23-36/37/38 S7/9-45	Einleiten von Chlor in destilliertes Wasser bis zur Sättigung.	**Bariumchloridlösung** Xn; R22/23; S28	122g Bariumchlorid ($BaCL_2 \cdot 2H_2O$) auf 1 l mit destilliertem Wasser auffüllen.
Bromwasser T, Xi; R23-24; S7/9-26	10 Tropfen Brom in 250 ml destillierten Wasser lösen.	**Bleiacetatlösung** T; R60-61, R33-40-48; S53-45	190 g Bleiacetat auf 1 Liter mit destilliertem Wasser auffüllen.
Iodwasser Xn; R20/21; S2-23-25	Einige Iodkristalle kurz in destilliertem Wasser aufkochen.	**Fehling-I-Lösung** Xn; R22-36/38; S2-22	7 g Kupfersulfat ($CuSO_4 \cdot 5H_2O$) in 100 ml destilliertem Wasser lösen.
Kalkwasser C; R34; S26-34/37/39-45	1 g Calciumoxid in 500 ml destilliertem Wasser schütteln und filtrieren.	**Fehling-II-Lösung** C; R35; S2-26-27-37/39	35 g Kaliumnatriumtartrat (Seignette-Salz) und 10 g Natriumhydroxid in 100 ml destilliertem Wasser lösen.
Silbernitratlösung C; R34; S1/2-26-45	17 g Silbernitrat auf 1 Liter mit destilliertem Wasser auffüllen.	**Iod-Kaliumiodidlösung** Xn	2 g Kaliumiodid in wenig destilliertem Wasser auflösen und 1g Iod hinzugeben. Nach vollständiger Lösung in brauner Flasche aufbewahren.

Ausgewählte Kunststoffe

Kunststoff	Kurzzeichen	Monomer	Struktur des Monomers	Schmelzbereich in °C	Dichte ρ in $\frac{g}{cm^3}$
Polyethen	PE	Ethen	$H_2C=CH_2$	105 – 120	0,92 – 0,96
Polypropen	PP	Propen	$H_2C=CH-CH_3$	105 – 120	0,91
Polystyrol	PS	Styrol	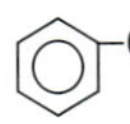 $-CH=CH_2$	80 – 100	1,06
Polyvinylchlorid	PVC	Vinylchlorid	$H_2C=CHCl$	75 – 110	1,30 – 1,38
Polymethylmethacrylat	PMMA	Methylmethacrylat	$CH_2=C(CH_3)-COOCH_3$	85 – 105	
Polytetrafluorethen	PTFE	Tetrafluorethen	$F_2C=CF_2$	320 – 330	2,10 – 2,30
Polyacrylnitril	PAN	Acrylnitril	$H_2C=CHCN$	250 – 300	1,40 – 1,60

Ch2

Ch

Textilfasern und Symbole für ihre Pflegebehandlung

Naturfasern

Namen	Baumwolle, Cotton	Leinen	Wolle	Naturseide
Kurzzeichen	Bw	L	Wo	Ns

Chemiefasern

Namen	Polyamidfaser	Polyacrylnitril-faser	Polyesterfaser	Viskosefaser
Kurzzeichen	PA-F	PAN-F	PE-F	VI-F

Symbole für die Pflegebehandlung

Symbol	**Bedeutung der Symbole für die Natur- und Chemiefasern**				
Waschen	95: waschen bis 95 °C	60: waschen bis 60 °C	40: waschen bis 40 °C	Handwäsche	nicht waschen
Chloren	Cl: Chlorbleiche möglich		Chlorbleiche nicht möglich		
Bügeln	bis 200 °C	bis 150 °C	bis 110 °C	nicht bügeln	
chemische Reinigung	A: Reinigung mit allg. Lösungsmitteln	P, F: Reinigung mit speziellen Lösungsmitteln Buchstaben kennzeichnen die Reinigungsmittel		keine chemische Reinigung möglich	
Trocknung	80 °C ± 10 °C	< 60 °C	im Trockner nicht möglich		

Wasserhärte

Härtebereich	**Härtegrad** in $\frac{mmol}{l}$	**Härtegrad** in °dH	**Bezeichnung**
1	0 – 1,3	0 bis 7	weich
2	1,3 – 2,5	7 bis 14	mittelhart
3	2,5 – 3,8	14 bis 21	hart
4	> 3,8	> 21	sehr hart

(Wasserhärte = Maß für Calcium- und Magnesiumgehalt des Wassers)

Stoffgemische

heterogen

Komponenten	Stoffgemisch	Beispiel
Feststoff + Feststoff	**Gemenge**	(Granitgestein)
Feststoff + Flüssigkeit	**Suspension**	(Tuschfarben)
Feststoff + Gas	**Rauch**	(Rauch aus Holz- und Kohleverbrennungsanlagen)
Flüssigkeit + Flüssigkeit	**Emulsion**	(Milch)
Flüssigkeit + Gas	**Nebel**	(Wassertröpfchen in Luft)
Gas + Flüssigkeit	**Schaum**	(Bierschaum)

homogen

Komponenten	Stoffgemisch	Beispiel
Feststoff + Feststoff	**Legierung**	(Bronze)
Flüssigkeit + Flüssigkeit	**Lösung**	(Speiseessig)
Feststoff + Flüssigkeit	**Lösung**	(Kochsalzlösung)
Gas + Gas	**Gasgemisch**	(Luft)

Ch3

Ch

Periodensystem der Elemente

H[1)] : Gas
Br[1)] : Flüssigkeit
Mg[1)] : Feststoff
(rosa) : Nichtmetall
(grün) : Halbmetall
(blau) : Metall
* : Alle Isotope dieses Elements sind radioaktiv.

Protonenzahl (Ordnungszahl): 5 — Atommasse in u ($u = 1{,}66 \cdot 10^{-27}$ kg): 10,81 — Elektronegativität: 2,0 — Elementsymbol: B — Elementname: Bor

Periode	Hauptgruppe I	Hauptgruppe II	Nebengruppe III	Nebengruppe IV	Nebengruppe V	Nebengruppe VI	Nebengruppe VII	Nebengruppe VIII	Nebengruppe VIII	Nebengruppe VIII	Nebengruppe I	Nebengruppe II	Hauptgruppe III	Hauptgruppe IV	Hauptgruppe V	Hauptgruppe VI	Hauptgruppe VII	Hauptgruppe VIII
1	1 H 1,008 2,1 Wasserstoff																	2 He 4,00 Helium
2	3 Li 6,94 1,0 Lithium	4 Be 9,01 1,5 Beryllium											5 B 10,81 2,0 Bor	6 C 12,01 2,5 Kohlenstoff	7 N 14,007 3,0 Stickstoff	8 O 15,999 3,5 Sauerstoff	9 F 18,998 4,0 Fluor	10 Ne 20,18 Neon
3	11 Na 22,99 0,9 Natrium	12 Mg 24,31 1,2 Magnesium											13 Al 26,98 1,5 Aluminium	14 Si 28,09 1,8 Silicium	15 P 30,97 2,1 Phosphor	16 S 32,06 2,5 Schwefel	17 Cl 35,45 3,0 Chlor	18 Ar 39,95 Argon
4	19 K 39,10 0,8 Kalium	20 Ca 40,08 1,0 Calcium	21 Sc 44,96 1,3 Scandium	22 Ti 47,90 1,5 Titanium	23 V 50,94 1,6 Vanadium	24 Cr 51,996 1,6 Chromium	25 Mn 54,94 1,5 Mangan	26 Fe 55,85 1,8 Eisen	27 Co 58,93 1,8 Cobalt	28 Ni 58,70 1,8 Nickel	29 Cu 63,55 1,9 Kupfer	30 Zn 65,38 1,6 Zink	31 Ga 69,72 1,6 Gallium	32 Ge 72,59 1,8 Germanium	33 As 74,92 2,0 Arsen	34 Se 78,96 2,4 Selen	35 Br 79,90 2,8 Brom	36 Kr 83,80 Krypton
5	37 Rb 85,47 0,8 Rubidium	38 Sr 87,62 1,0 Strontium	39 Y 88,91 1,3 Yttrium	40 Zr 91,22 1,4 Zirconium	41 Nb 92,91 1,6 Niobium	42 Mo 95,94 1,8 Molybdän	43 Tc* [97] 1,9 Technetium	44 Ru 101,07 2,2 Ruthenium	45 Rh 102,91 2,2 Rhodium	46 Pd 106,4 2,2 Palladium	47 Ag 107,87 1,9 Silber	48 Cd 112,41 1,7 Cadmium	49 In 114,82 1,7 Indium	50 Sn 118,69 1,8 Zinn	51 Sb 121,75 1,9 Antimon	52 Te 127,60 2,1 Tellur	53 I 126,90 2,5 Iod	54 Xe 131,30 Xenon
6	55 Cs 132,91 0,7 Caesium	56 Ba 137,33 0,9 Barium	57–71 Lanthanoide	72 Hf 178,49 1,3 Hafnium	73 Ta 180,95 1,5 Tantal	74 W 183,85 1,7 Wolfram	75 Re 186,21 1,9 Rhenium	76 Os 190,2 2,2 Osmium	77 Ir 192,22 2,2 Iridium	78 Pt 195,09 2,2 Platin	79 Au 196,97 2,4 Gold	80 Hg 200,59 1,9 Quecksilber	81 Tl 204,37 1,8 Thallium	82 Pb 207,2 1,8 Blei	83 Bi 208,98 1,9 Bismut	84 Po* [209] 2,0 Polonium	85 At* [210] 2,2 Astat	86 Rn* [222] Radon
7	87 Fr* [223] 0,7 Francium	88 Ra* [226] 0,9 Radium	89–103 Actinoide	104 Rf* [261] Rutherfordium	105 Db* [262] Dubnium	106 Sg* [262] Seaborgium	107 Bh* [262] Bohrium	108 Hs* [262] Hassium	109 Mt* [266] Meitnerium									

Lanthanoide	57 La 138,91 1,1 Lanthan	58 Ce 140,12 1,1 Cerium	59 Pr 140,91 1,1 Praseodymium	60 Nd 144,24 1,1 Neodymium	61 Pm* [145] 1,1 Promethium	62 Sm 150,35 1,2 Samarium	63 Eu 151,96 1,2 Europium	64 Gd 157,25 1,2 Gadolinium	65 Tb 158,92 1,2 Terbium	66 Dy 162,50 1,2 Dysprosium	67 Ho 164,93 1,2 Holmium	68 Er 167,26 1,2 Erbium	69 Tm 168,93 1,2 Thulium	70 Yb 173,04 1,2 Ytterbium	71 Lu 174,97 1,2 Lutetium
Actinoide	89 Ac* [227] 1,1 Actinium	90 Th* 232,04 1,3 Thorium	91 Pa* 231,04 1,5 Protactinium	92 U* 238,03 1,4 Uranium	93 Np* 237,05 1,3 Neptunium	94 Pu* [244] 1,3 Plutonium	95 Am* [243] 1,3 Americium	96 Cm* [247] 1,3 Curium	97 Bk* [247] 1,3 Berkelium	98 Cf* [251] 1,3 Californium	99 Es* [254] 1,3 Einsteinium	100 Fm* [257] 1,3 Fermium	101 Md* [258] 1,3 Mendelevium	102 No* [259] 1,3 Nobelium	103 Lr* [260] 1,3 Lawrencium

[ ] Die umklammerten Werte für die Atommasse geben die Massenzahl des Isotops mit der größten Halbwertszeit an.

1) Aggregatzustand bei 25 °C (298 K) und 1013,25 hPa

Atombau

Schalenmodelle der Atome ausgewählter Hauptgruppenelemente

Periode	Hauptgruppe I	II	III	IV	V	VI	VII	VIII
1 (K)	H (1+)							He (2+)
2 (L)	Li (3+)	Be (4+)	B (5+)	C (6+)	N (7+)	O (8+)	F (9+)	Ne (10+)
3 (M)	Na (11+)	Mg (12+)	Al (13+)	Si (14+)	P (15+)	S (16+)	Cl (17+)	Ar (18+)

Zusammenhang zwischen Bau eines Atoms und der Stellung des Elements im PSE

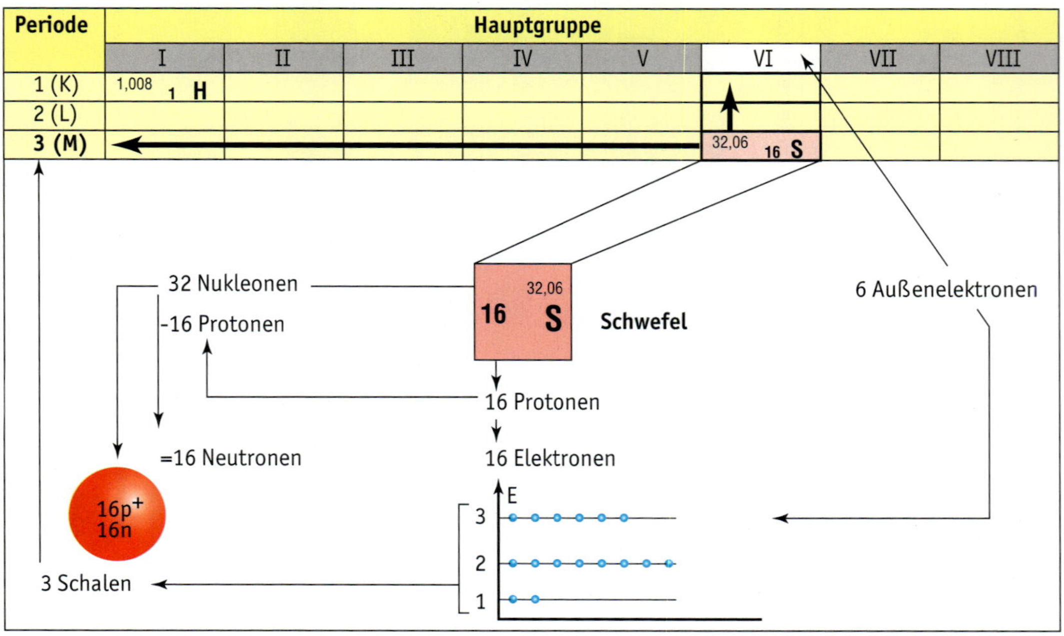

Ch3
Ch

Atomradien (in 10^{-10}m)

H 0,3							He
Li 1,52	Be 1,12	B 0,88	C 0,77	N 0,70	O 0,66	F 0,64	Ne
Na 1,86	Mg 1,60	Al 1,43	Si 1,17	P 1,10	S 1,04	Cl 0,99	Ar
K 2,02	Ca 1,97	Ga 1,22	Ge 1,22	As	Se 1,17	Br 1,14	Kr

Ionenradien (in 10^{-10}m)

Li^+ 0,6	Be^{2+} 0,31			N^{3-} 1,71	O^{2-} 1,45	F^- 1,36
Na^+ 0,95	Mg^{2+} 0,65	Al^{3+} 0,50			S^{2-} 1,84	Cl^- 1,81
K^+ 1,33	Ca^{2+} 0,97	Ga^{3+} 0,62	Ge^{4+} 0,53		Se^{2-} 1,98	Br^- 1,95

Elektrochemie

Spannungsreihe der Metalle

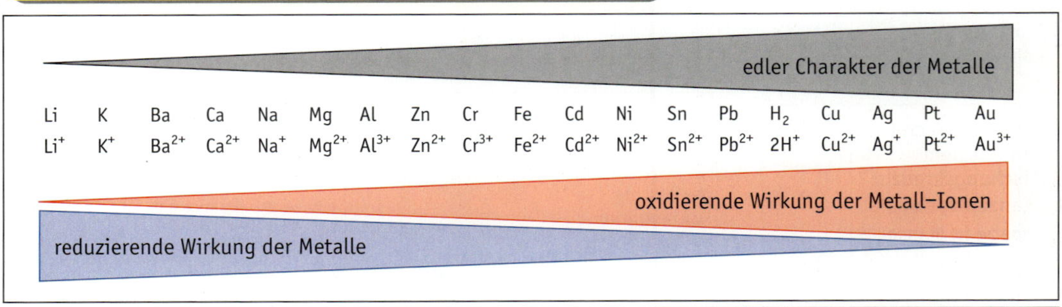

Berechnung nach den faradayschen Gesetzen	$I \cdot t = n \cdot z \cdot F$ $\frac{M}{m} = \frac{F \cdot z}{I \cdot t}$	M molare Masse m Masse F FARADAY-Konstante $9{,}64953 \cdot 10^4 \frac{A \cdot s}{mol}$	z Wertigkeit des Stoffes I Stromstärke t Zeit n Stoffmenge

Ch4

Ch

Stöchiometrie

Stöchiometrisches Rechnen

relative Atommasse A_r	$A_r = \frac{A}{u}$	$1\,u = 1{,}66055 \cdot 10^{-27}$ kg $1\,u = \frac{1}{12}$ der Masse eines Kohlenstoffatoms [^{12}C] A absolute Atommasse
Stoffmenge n	$n = \frac{m}{M} = \frac{V}{V_m} = \frac{N}{N_A}$	m Masse M molare Masse V Volumen V_m molares Volumen N Teilchenzahl einer abgeschlossenen Stoffmenge N_A AVOGADRO-Konstante (S. 54)
molare Masse M	$M = \frac{m}{n}$	
molares Volumen V_m	$V_m = \frac{V}{n}$	
stöchiometrische Verhältnisse: **Masse/Masse** **Masse/Volumen** **Volumen/Volumen**	$\frac{m_1}{m_2} = \frac{M_1 \cdot n_1}{M_2 \cdot n_2}$ $\frac{m_1}{V_2} = \frac{M_1 \cdot n_1}{V_m \cdot n_2}$ $\frac{V_1}{V_2} = \frac{n_1}{n_2}$	m_1, m_2 Massen der Stoffe 1 und 2 n_1, n_2 Stoffmengen der Stoffe 1 und 2 M_1, M_2 molare Massen der Stoffe 1 und 2 V_1, V_2 Volumen der gasförmigen Stoffe 1 und 2 bei 0 °C und 1013,25 hPa V_m molares Normvolumen des gasförmigen Stoffes 2
Ausbeute η	$\eta = \frac{n_{real}}{n_{max}}$	n_{real} real erhaltene Stoffmenge n_{max} maximal erhaltene Stoffmenge
Massenanteil ω_i	$\omega_i = \frac{m_i}{m}$	m_i Masse der Komponente i m Gesamtmasse des Stoffgemisches V_i Volumen der Komponente i V_0 Gesamtvolumen vor dem Mischvorgang V Gesamtvolumen der Lösung nach dem Mischvorgang n_i Stoffmenge der Komponente i n Gesamtstoffmenge des Stoffgemisches
Volumenanteil φ_i	$\varphi_i = \frac{V_i}{V_0}$	
Massenkonzentration β_i	$\beta_i = \frac{m_i}{V}$	
Volumenkonzentration σ_i	$\sigma_i = \frac{V_i}{V}$	
Stoffmengenkonzentration c_i	$c_i = \frac{n_i}{V}$	

Mischungsrechnen mit dem Mischungskreuz (Konzentrationsangabe in Masseprozent) (s. Mischungsrechnen S. 20)	Konzentration der gegebenen Lösung A x % — (z − y) Masseteile von A gewünschte Konzentration z % Konzentration der gegebenen Lösung B y % — (x − z) Masseteile von B Summe: (x − y) Masseteile des Gemisches Wird eine gegebene Lösung A mit Wasser verdünnt, gilt y = 0.	*Anwendung:* In welchen Masseteilen müssen 36 %ige und 10 %ige Salzsäure gemischt werden, damit eine 25 %ige Salzsäure entsteht? 36 % — 15 Masseteile von A 25 % 10 % — 11 Masseteile von B 26 Masseteile des Gemischs

Ch4
Ch

Ausgewählte Laborgeräte

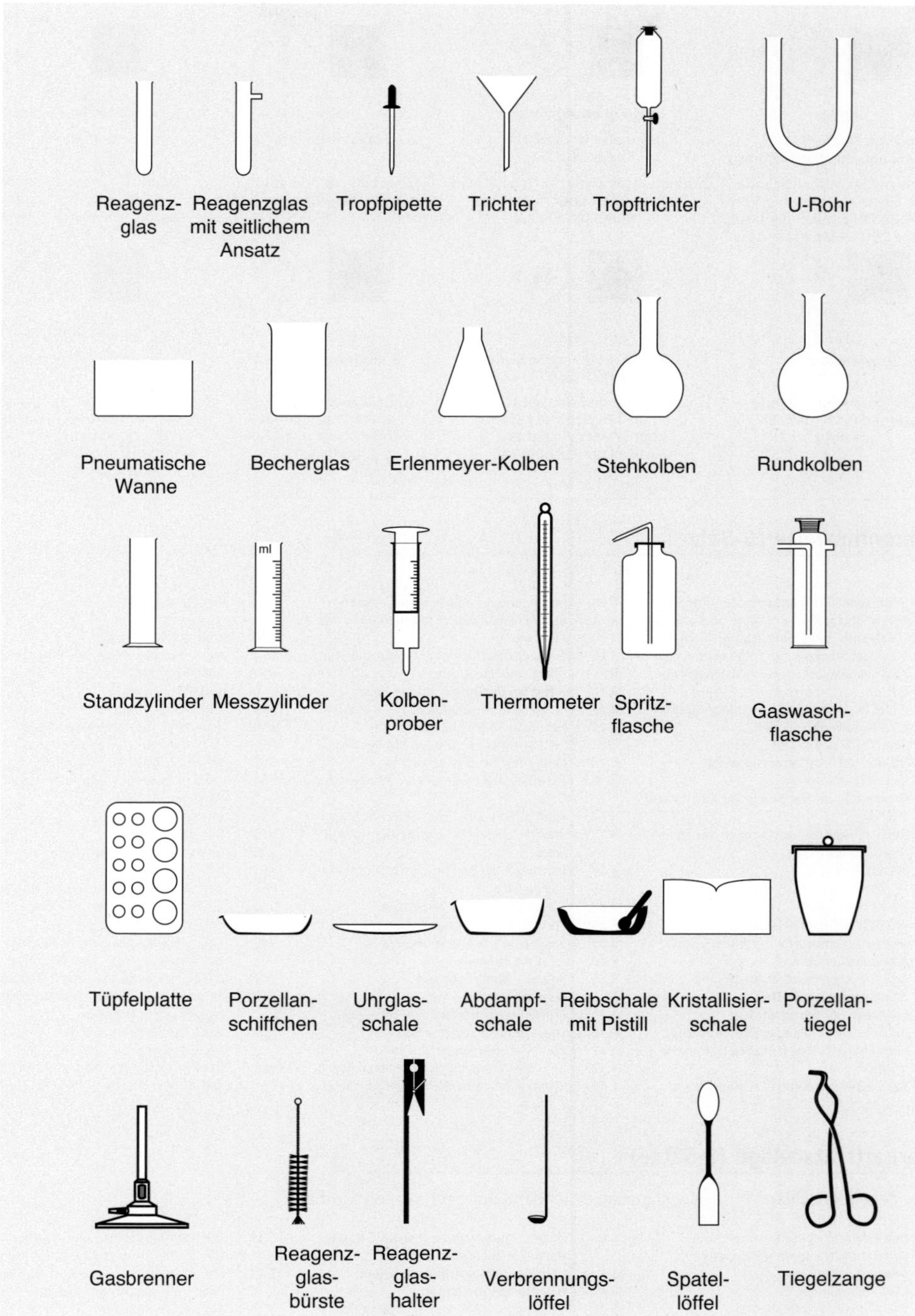

Gefahrstoffhinweise

Gefahrstoffsymbole

T
giftig

giftige Stoffe (T, T+)
krebserzeugende Stoffe (T, Xn)

Erhebliche Gesundheitsschäden durch Einatmen, Verschlucken oder Aufnahme durch die Haut. Keine Schülerexperimente.

Xn
gesundheitsschädlich

gesundheitsschädliche Stoffe (Xn, Xi)

Gesundheitsschäden durch Einatmen, Verschlucken oder Aufnahme durch die Haut.

Xi
reizend

reizende Stoffe (Xn, Xi)

Reizwirkung auf die Haut, die Atmungsorgane und die Augen.

E
explosionsgefährlich

explosionsgefährliche Stoffe

Explosion unter bestimmten Bedingungen möglich. Keine Schülerexperimente.

C
ätzend

ätzende Stoffe

Hautgewebe und Geräte werden nach Kontakt zerstört.

F
entzündlich

leicht- u. hochentzündliche Stoffe (F bzw F+)

Entzünden sich selbst, an heißen Gegenständen mit Wasser entstehen leichtentzündliche Gase.

0
brandfördernd

brandfördernde Stoffe

Andere brennbare Stoffe werden entzündet, ausgebrochene Brände gefördert.

N
umweltgefährlich

umweltgefährliche Stoffe

Sind sehr giftig, giftig oder schädlich für Wasserorganismen, Pflanzen, Tiere und Bodenorganismen; schädliche Wirkung auf die Umwelt.

Gefahrenhinweise (R-Sätze)

R-Sätze weisen auf besondere Gefahren hin.

R 1 In trockenem Zustand explosionsgefährlich.
R 2 Durch Schlag, Reibung, Feuer oder andere Zündquellen explosionsgefährlich.
R 3 Durch Schlag, Reibung, Feuer oder andere Zündquellen besonders explosionsgefährlich.
R 4 Bildet hochempfindliche explosionsgefährliche Metallverbindungen.
R 5 Beim Erwärmen explosionsfähig.
R 6 Mit und ohne Luft explosionsfähig.
R 7 Kann Brand verursachen.
R 8 Feuergefahr bei Berührung mit brennbaren Stoffen.
R 9 Explosionsgefahr bei Mischung mit brennbaren Stoffen.
R 10 Entzündlich.
R 11 Leichtentzündlich.
R 12 Hochentzündlich.
R 14 Reagiert heftig mit Wasser.
R 15 Reagiert mit Wasser unter Bildung leichtentzündlicher Gase.
R 16 Explosionsgefährlich in Mischung mit brandfördernden Stoffen.
R 17 Selbstentzündlich an der Luft
R 18 Bei Gebrauch Bildung explosionsfähiger/leichtentzündlicher Dampf-Luftgemische möglich.
R 19 Kann explosionsfähige Peroxide bilden.
R 20 Gesundheitsschädlich beim Einatmen.
R 21 Gesundheitsschädlich bei Berührung mit der Haut.
R 22 Gesundheitsschädlich beim Verschlucken.
R 23 Giftig beim Einatmen.
R 24 Giftig bei Berührung mit der Haut.
R 25 Giftig beim Verschlucken.
R 26 Sehr giftig beim Einatmen.
R 27 Sehr giftig bei Berührung mit der Haut.
R 28 Sehr giftig beim Verschlucken.
R 29 Entwickelt bei Berührung mit Wasser giftige Gase.
R 30 Kann bei Gebrauch leicht entzündlich werden.
R 31 Entwickelt bei Berührung mit Säure giftige Gase.
R 32 Entwickelt bei Berührung mit Säure sehr giftige Gase.
R 33 Gefahr kumulativer Wirkungen.
R 34 Verursacht Verätzungen.
R 35 Verursacht schwere Verätzungen.
R 36 Reizt die Augen.
R 37 Reizt die Atmungsorgane.
R 38 Reizt die Haut.
R 39 Ernste Gefahr irreversiblen Schadens.
R 40 Irreversibler Schaden möglich.
R 41 Gefahr ernster Augenschäden.
R 42 Sensibilisierung durch Einatmen möglich.
R 43 Sensibilisierung durch Hautkontakt möglich.
R 44 Explosionsgefahr bei Erhitzen unter Einschluss.
R 45 Kann Krebs erzeugen.
R 46 Kann vererbbare Schäden verursachen.
R 48 Gefahr ernster Gesundheitsschäden bei längerer Exposition.
R49 Kann Krebs erzeugen beim Einatmen
R50 Sehr giftig für Wasserorganismen
R51 Giftig für Wasserorganismen
R52 Schädlich für Wasserorganismen
R53 Kann in Gewässern längerfristig schädliche Wirkungen haben
R54 Giftig für Pflanzen
R55 Giftig für Tiere
R56 Giftig für Bodenorganismen
R57 Giftig für Bienen
R58 Kann längerfristig schädliche Wirkungen auf die Umwelt haben
R59 Gefährlich für die Ozonschicht
R60 Kann die Fortpflanzungsfähigkeit beeinträchtigen
R61 Kann das Kind im Mutterleib schädigen
R62 Kann möglicherweise die Fortpflanzungsfähigkeit beeinträchtigen
R63 Kann das Kind im Mutterleib möglicherweise schädigen
R64 Kann Säuglinge über die Muttermilch schädigen

Sicherheitsratschläge (S-Sätze)

S-Sätze geben Ratschläge für den sachgemäßen Umgang mit gefährlichen Stoffen.

S 1 Unter Verschluss aufbewahren.
S 2 Darf nicht in die Hände von Kindern gelangen.
S 3 Kühl aufbewahren.
S 4 Von Wohnplätzen fernhalten.
S 5 Unter ... aufbewahren (geeignete Flüssigkeit vom Hersteller anzugeben).
S 6 Unter ... aufbewahren (inertes Gas vom Hersteller anzugeben).
S 7 Behälter dicht geschlossen halten.
S 8 Behälter trocken halten.
S 9 Behälter an einem gut gelüfteten Ort aufbewahren.
S 12 Behälter nicht gasdicht verschließen.
S 13 Von Nahrungsmitteln, Getränken und Futtermitteln fernhalten.
S 14 Von ... fernhalten (inkompatible Substanzen vom Hersteller anzugeben).
S 15 Vor Hitze schützen.
S 16 Von Zündquellen fernhalten – Nicht rauchen.

S 17	Von brennbaren Stoffen fernhalten.
S 18	Behälter mit Vorsicht öffnen und handhaben.
S 20	Bei der Arbeit nicht essen und trinken.
S 21	Bei der Arbeit nicht rauchen.
S 22	Staub nicht einatmen.
S 23	Gas/Rauch/Dampf/Aerosol nicht einatmen (geeignete Bezeichnung vom Hersteller anzugeben).
S 24	Berührung mit der Haut vermeiden.
S 25	Berührung mit den Augen vermeiden.
S 26	Bei Berührung mit den Augen gründlich mit Wasser abspülen und Arzt konsultieren.
S 27	Beschmutzte, getränkte Kleidung sofort ausziehen.
S 28	Bei Berührung mit der Haut sofort abwaschen mit viel ... (vom Hersteller anzugeben).
S 29	Nicht in die Kanalisation gelangen lassen.
S 30	Niemals Wasser hinzugießen.
S 33	Maßnahmen gegen elektrostatische Aufladungen treffen.
S 34	Schlag und Reibung vermeiden.
S 35	Abfälle und Behälter müssen in gesicherter Weise beseitigt werden.
S 36	Bei der Arbeit geeignete Schutzkleidung tragen.
S 37	Geeignete Schutzhandschuhe tragen.
S 38	Bei unzureichender Belüftung Atemschutzgerät anlegen.
S 39	Schutzbrille/Gesichtsschutz tragen.
S 40	Fußboden und verunreinigte Gegenstände mit ... reinigen (vom Hersteller anzugeben).
S 41	Explosions- und Brandgase nicht einatmen.
S 42	Beim Räuchern/Versprühen geeignetes Atemschutzgerät anlegen (geeignete Bezeichnung vom Hersteller anzugeben).
S 43	Zum Löschen ... (vom Hersteller anzugeben) verwenden (wenn Wasser die Gefahr erhöht, anfügen: Kein Wasser verwenden).
S 44	Bei Unfall oder Unwohlsein sofort Arzt zuziehen (wenn möglich, dieses Etikett vorzeigen).
S 46	Bei Verschlucken sofort ärztlichen Rat einholen und Verpackung oder Etikett vorzeigen.
S 47	Nicht bei Temperaturen über ... °C aufbewahren (vom Hersteller anzugeben).
S 48	Feucht halten mit ... (geeignetes Mittel vom Hersteller anzugeben).
S 49	Nur im Originalbehälter aufbewahren.
S 50	Nicht mischen mit ... (vom Hersteller anzugeben).
S 51	Nur in gut gelüfteten Bereichen verwenden.
S 52	Nicht großflächig für Wohn- und Aufenthaltsräume zu verwenden.
S 53	Expositionen vermeiden. Vor Gebrauch besondere Anweisung einholen.
S56	Diesen Stoff und seinen Behälter der Problemabfallentsorgung zuführen.
S57	Zur Vermeidung einer Kontamination der Umwelt geeigneten Behälter verwenden.
S59	Information zur Wiederverwendung/Wiederverwertung beim Hersteller/Lieferanten erfragen.
S60	Dieser Stoff und sein Behälter sind als gefährlicher Abfall zu entsorgen.
S61	Freisetzung in die Umwelt vermeiden. Besondere Anweisungen einholen/Sicherheitsdatenblatt zu Rate ziehen.
S62	Bei Verschlucken kein Erbrechen herbeiführen. Sofort ärztlichen Rat einholen und Verpackung oder dieses Etikett vorzeigen.

Kombinationen der R-Sätze (Auszug)

R 14/15	Reagiert mit Wasser unter Bildung leicht entzündlicher Gase.
R 15/29	Reagiert mit Wasser unter Bildung giftiger und leicht entzündlicher Gase.
R 20/21	Gesundheitsschädlich beim Einatmen und bei Berührung mit der Haut.
R 21/22	Gesundheitsschädlich bei Berührung mit der Haut und beim Verschlucken.
R 20/22	Gesundheitsschädlich beim Einatmen und Verschlucken.
R 20/21/22	Gesundheitsschädlich beim Einatmen, Verschlucken und bei Berührung mit der Haut.
R 23/24	Giftig beim Einatmen und bei Berührung mit der Haut.
R 24/25	Giftig bei Berührung mit der Haut und beim Verschlucken.
R 23/25	Giftig beim Einatmen und Verschlucken.
R 23/24/25	Giftig beim Einatmen, Verschlucken und bei Berührung mit der Haut.
R 26/27	Sehr giftig beim Einatmen und bei Berührung mit der Haut.
R 27/28	Sehr giftig bei Berührung mit der Haut und beim Verschlucken.
R 26/28	Sehr giftig beim Einatmen und Verschlucken.
R 26/27/28	Sehr giftig beim Einatmen, Verschlucken und bei Berührung mit der Haut.
R 36/37	Reizt die Augen und die Atmungsorgane
R 36/38	Reizt die Augen und die Haut.
R 36/37/38	Reizt die Augen, Atmungsorgane und die Haut.
R 42/43	Sensibilisierung durch Einatmen und Hautkontakt möglich.

Kombination der S-Sätze (Auszug)

S 1/2	Unter Verschluss und für Kinder unzugänglich aufbewahren.
S 3/7	Behälter dicht geschlossen halten und an einem kühlen Ort aufbewahren.
S 3/9	Behälter an einem kühlen, gut belüfteten Ort aufbewahren.
S 3/14	An einem kühlen Ort, entfernt von ... aufbewahren.
S 3/9/49	Nur im Originalbehälter an einem kühlen, gut gelüfteten Ort aufbewahren.
S 3/9/14/49	Nur im Originalbehälter an einem kühlen, gut gelüfteten Ort, entfernt von ... aufbewahren.
S 7/8	Behälter trocken und dicht geschlossen halten.
S 7/9	Behälter dicht geschlossen an einem gut gelüfteten Ort aufbewahren.
S 20/21	Bei der Arbeit nicht essen, trinken, rauchen.
S 24/25	Berührung mit den Augen und der Haut vermeiden.
S 36/37	Bei der Arbeit geeignete Schutzhandschuhe und Schutzkleidung tragen.
S 36/39	Bei der Arbeit geeignete Schutzkleidung und Schutzbrille/Gesichtsschutz tragen.
S 37/39	Bei der Arbeit geeignete Schutzhandschuhe und Schutzbrille/Gesichtsschutz tragen.
S 36/37/39	Bei der Arbeit geeignete Schutzkleidung, Schutzhandschuhe und Schutzbrille/Gesichtsschutz tragen.
S 47/49	Nur im Originalbehälter bei einer Temperatur von nicht über ... •C aufbewahren.

Entsorgungsratschläge (E-Sätze)

E-Sätze geben Ratschläge für die sachgemäße Entsorgung von Chemikalien und gefährlichen Stoffen.

E1	Verdünnen, in den Ausguss geben (WGK 0 bzw. 1).
E2	Neutralisieren, in den Ausguss geben.
E3	In den Hausmüll geben, gegebenenfalls in PE-Beutel (Stäube).
E4	Als Sulfid fällen.
E5	Mit Calcium-Ionen fällen, dann E1 oder E3.
E6	Nicht in den Hausmüll geben.
E7	Im Abzug entsorgen; wenn möglich verbrennen.
E8	Der Sondermüllbeseitigung zuführen (Adresse zu erfragen bei der Kreis- oder Stadtverwaltung) Abfallschlüssel beachten.
E9	Unter größter Vorsicht in kleinsten Portionen reagieren lassen (z.B. offen im Freien verbrennen).
E10	In gekennzeichneten Glasbehältern sammeln: 1. "Organische Abfälle - halogenhaltig" 2. "Organische Abfälle - halogenfrei" dann E8.
E11	Als Hydroxid fällen (pH 8), den Niederschlag zu E8.
E12	Nicht in die Kanalisation gelangen lassen (S-Satz S 29).
E13	Aus der Lösung mit unedlerem Metall (z.B. Eisen) als Metall abscheiden (E14, E3).
E14	Recycling-geeignet (Redestillation oder einem Recyclingunternehmen zuführen).
E15	Mit Wasser vorsichtig umsetzen, evtl. freiwerdende Gase verbrennen oder absorbieren oder stark verdünnt ableiten.
E16	Entsprechend den Ratschlägen in Anlage 5.1 der "Richtlinien zur Sicherheit im naturwissenschaftlichen Unterricht" beseitigen.

Ch4
Ch

Organismen und ihre Umwelt

Umweltfaktoren

Lichtgenuss LG von Pflanzen	$LG = \frac{E_{Ort}}{E_{Frei}} \cdot 100\ \%$	E_{Ort} Beleuchtungsstärke am Wuchsort E_{Frei} Beleuchtungsstärke im Freiland
Biomasseproduktion	$S = Pb - (R + m_V)$ $Pn = Pb - R$	S langfristiger Stoffgewinn für den betrachteten Organismus Pb Brutto-Primärproduktion Pn Netto-Primärproduktion R Stoffverlust durch Atmung m_V Verlustmasse (z.B. abgeworfene Blätter)
Trockengewicht TG	Unter der Bedingung 24 Stunden bei 105 °C gilt: $TG = FG - WG$	FG Frischgewicht m_V Verlustmasse beim Glühen W_{max} maximal möglicher Wassergehalt W_a zurzeit vorhandener Wassergehalt (aktueller Wassergehalt)
Wassergehalt WG	$WG = FG - TG$	
Aschegewicht AG	$AG = TG - m_V$	
Wasserdefizit Wd (Wasserverlust)	$Wd = \frac{W_{max} - W_a}{W_{max}} \cdot 100\ \%$	
Bestimmung des Plankton- und Schwebstoffgehaltes GPS	$G_{PS} = \frac{(m_2 - m_1) \cdot 1000}{V}$	m_1 Masse des getrockneten Filterpapiers in g m_2 Masse des getrockneten Filterpapiers mit Plankton- und Schwebstoffen in g V Volumen der Wasserprobe in ml

Einige Immissionsgrenzwerte

Stoffe	Grenzwerte
Kohlenstoffmonooxid	Langzeit-Konzentration in der Luft: max. 10 mg je m^3 Kurzzeit-Konzentration in der Luft: max. 30 mg je m^3
Kohlenstoffdioxid	Gehalt in der Atmosphäre: 0,036 % keine Begrenzung – Auswirkung auf Treibhauseffekt (Beginn der Industrialisierung 0,028 %)
Schwefeldioxid	Langzeit-Konzentration in der Luft: 0,14 mg je m^3 Kurzzeit-Konzentration in der Luft: max. 0,40 mg je m^3
Stickstoffdioxid	Langzeit-Konzentration in der Luft: max. 0,08 mg je m^3 Kurzzeit-Konzentration in der Luft: max. 0,20 mg je m^3
Ozon	Konzentration in der Luft 0,18 mg je m^3 (≙ Grenzwert für menschliche Belastung)
Staub	Langzeit-Konzentration in der Luft: max. 0,15 mg je m^3 Kurzzeit-Konzentration in der Luft: max. 0,30 mg je m^3
Formaldehyd (Methanal)	Konzentration in der Luft : max. 0,12 mg je m^3

Grenzwerte für chemische Stoffe im Trinkwasser

Stoffe	Grenzwerte	Stoffe	Grenzwerte
Nitrat	50 mg je l (Für Säuglinge sollte die Konzentration von 10 mg je l nicht überschritten werden.)	Blei	0,04 mg je l
		Cadmium	0,005 mg je l
		Kupfer	0,1 mg je l
		Phosphat	6,7 mg je l
Nitrit	0,1 mg je l	Quecksilber	0,001 mg je l

Wassergehalt von Lebewesen bzw. Teilen von Lebewesen in % des Gesamtgewichts

Lebewesen bzw. ihre Teile	Wassergehalt	Lebewesen bzw. ihre Teile	Wassergehalt	Lebewesen bzw. ihre Teile	Wassergehalt
Mensch	60	Schwein	55	Erdnuss	5
– Herz	83	Kaninchen	69	Körnermais	11
– Haut	70	Wasserfloh	74	Spargel	88
– Leber	77	Frosch	77	Erdbeere	90
– Gehirn	77	Weinbergschnecke	84	Salatblätter	94
– Knochen	30	Ohrenqualle	98	Gurke	95

Lebensdaten einiger Lebewesen

Höchstalter von einigen Lebewesen (J = Jahre, W = Wochen, T = Tage)

Tiere / Mensch				Pflanzen			
Bienenarbeiterin	6 W	Katze	35 J	Heidelbeere	25 J	Spitz-Ahorn	600 J
Stubenfliege	76 T	Erdkröte	40 J	Heidekraut	42 J	Rot-Buche	900 J
Bienenkönigin	5 J	Hecht	60 J	Alpenveilchen	60 J	Fichte	1100 J
Regenwurm	10 J	Aal	88 J	Birke	120 J	Eiche	1300 J
Ente	20 J	Esel	100 J	Berg-Ahorn	200 J	Linde	1900 J
Schaf	20 J	Mensch	118 J	Kiefer	500 J	Feige	2000 J
Bandwurm	35 J	Elefantenschildkröte	150 J	Lärche	600 J	Mammutbaum	4000 J

Geschwindigkeiten einiger Lebewesen in km je Stunde

Schwimmen				Kriechen/Laufen				Fliegen			
Gelbrandkäfer	2	Forelle	35	Weinbergschnecke	0,003 24	Mensch (100-m-Lauf)	36	Stechmücke	1-2	Storch	45
Ringelnatter	3	Hai	36	Riesenschildkröte	0,33	Hase	65	Stubenfliege	8	Fledermaus	50
Mensch (100-m-Freistil)	7	Lachs	39	Maulwurf	4	Antilope	70	Maikäfer	11	Brieftaube	80
Eisbär	10	Delphin	46	Kamel	15	Gazelle	75	Hummel	18	Stockente	104
Aal	12	Finnwal	55			Windhund	110	Biene	29	Mauersegler	180
Ringelrobbe	32	Thunfisch	75			Gepard	120	Habicht	42	Wanderfalke (Sturzflug)	290
		Schwertfisch	90					Haussperling	45		

Anzahl der Flügelschläge je Sekunde bei einigen Insekten und Vögeln

Kohlweißling	9–12	Biene – Drohne	207	Amsel	6	Mauersegler	12
Maikäfer	46	– Arbeiterin	240–250	Elster	3	Mäusebussard	3
Marienkäfer	75–91	– Königin	226–253	Haussperling	13	Storch	2
Hummel	130–250	Stubenfliege	180–330	Kolibri	30–50	Taube	8

(Nach Flindt 1995 u.a., verändert)

Bio

Bestandsaufnahme von Pflanzen

Stufen	Deckungsgrad (bedeckter Anteil der Untersuchungsfläche) in %	Individuenzahl (Häufigkeit der Art auf der Untersuchungsfläche)	Entwicklungszustand
r („rar“)	sehr wenig Fläche abdeckend	etwa 1 bis 2 Individuen	K Keimpflanze J Jungpflanze st steril (ausgewachsene Pflanze ohne Blüten und Samen) ko knospend (Blüten- oder Blattknospen) b blühend f fruchtend v vergilbend t tot (oberirdische Teile abgestorben) S nur als Samen zu finden g abgemäht
+ („Kreuz“)	wenig Fläche abdeckend	etwa 2 bis 5 Individuen	
1	weniger als 5 % abdeckend	sehr spärlich vorhanden	
2	6 % bis 25 % abdeckend	spärlich vorhanden	
3	26 % bis 50 % abdeckend	wenig zahlreich vorhanden	
4	51 % bis 75 % abdeckend	zahlreich vorhanden	
5	76 % bis 100 % abdeckend	sehr zahlreich vorhanden	

Ökologische Zeigerwerte

Stufen	Licht L	Temperatur T	Bodenfeuchtigkeit F	Bodenreaktion R	Stickstoffversorgung N
1	sehr schattig (weniger als 1 %)	sehr kalt	sehr trocken	stark sauer	sehr stickstoffarm
2	zwischen 1 und 3	zwischen 1 und 3	zwischen 1 und 3	zwischen 1 und 3	zwischen 1 und 3
3	schattig (weniger als 5 %)	kühl	trocken	sauer	stickstoffarm
4	zwischen 3 und 5	zwischen 3 und 5	zwischen 3 und 5	zwischen 3 und 5	zwischen 3 und 5
5	halbschattig (mehr als 10 %)	mäßig warm	frisch	mäßig sauer	mäßig stickstoffreich
6	zwischen 5 und 7	zwischen 5 und 7	zwischen 5 und 7	zwischen 5 und 7	zwischen 5 und 7
7	sonnig und schattig	warm	feucht	schwach sauer bis schwach basisch	stickstoffreich
8	sonnig (mehr als 40 %)	zwischen 7 und 9	zwischen 7 und 9	zwischen 7 und 9	sehr stickstoffreich
9	sehr sonnig (mehr als 50 %)	sehr warm	nass	basisch	übermäßig stickstoffreich

Humanbiologie

Energiegehalt und Nährstoffgehalt ausgewählter Nahrungsmittel

Nahrungsmittel in g (berechnet auf 100 g)	Energiegehalt		Nährstoffe in g			Wassergehalt in g	Vitamingehalt			
	in kJ	in kcal	Eiweiß	Fett	Kohlenhydrate		A I.E.	B_1 in mg	C in mg	E in mg
Jogurt	297	71	4,8	3,8	4,5	86,1				
Camembert	1200	287	20,1	24,2	2,0	52,1	1010	0,05	–	–
Kuhmilch	268	64	3,2	3,7	4,6	88,5	140	0,04	1	0,06
Schlagsahne	1205	288	2,2	30,4	2,9	64,1				
Butter	2996	716	0,6	81,0	0,7	17,4	3300	Spuren	Spuren	2,4
Margarine	2960	720	0,5	80,0	0,4	19,7	3000	–	–	30,0
Schmalz	3771	901	0,0	99,0	0,0	1,0				
Hühnerei	678	162	12,8	11,5	0,7	74,0	1100	0,12	–	1,0
Honig	1272	304	0,3	0,0	82,3	17,2	–	Spuren	1	–
Traubenzucker	1611	385	0,0	0,0	99,5	0,0				
Milchschokolade	2176	520	7,7	32,3	56,9	0,9	270	0,01	–	1,1
Nesquick	429	102	3,7	3,9	12,9	–	–	0,2	10,0	–
Roggenbrot	950	227	6,4	1,0	52,7	38,5				
Brötchen	1126	269	6,8	0,5	58,0	34,0				
Spagetti	1544	369	12,5	1,2	75,2	10,4				
Haferflocken	1620	387	13,8	6,6	67,6	10,3	–	0,55	–	0,25
Brathuhn	578	138	20,6	5,6	0,0	72,7				
Schweinekotelett	1427	341	15,2	30,6	0,0	53,9	–	0,8	–	0,6
Entenfleisch	1365	326	16,0	28,6	0,0	54,0				
Rindsfilet	511	122	19,2	4,4	0,0	75,1	–	0,1	–	0,5
Cervelatwurst	1072	256	12,5	27,6	1,8	55,6	–	0,2	–	0,1
Forelle	423	101	19,2	2,1	0,0	77,6	150	0,09	–	–
Karpfen	607	145	18,9	7,1	0,0	72,4				
Banane	356	85	1,1	0,2	22,2	75,7	190	0,05	10	0,2
Apfel (süß)	243	58	0,3	0,6	15,0	84,0	90	0,04	5	0,3
Karotten	167	40	1,1	0,2	9,1	88,6	11000	0,06	2–10	0,45
Kartoffeln	318	76	2,1	0,1	17,7	79,8	5	0,11	20	0,06
Haselnüsse	2624	627	12,7	60,9	18,0	6,0				

(Nach Flindt 1995 u.a., verändert)

Energieverbrauch pro Stunde bei verschiedenen Tätigkeiten

Tätigkeiten	kcal/h	kJ/h	Tätigkeiten	kcal/h	kJ/h
Badewanne scheuern	430	1 800	Schulbesuch/Hausaufgaben	53	220
Betten machen	191	800	Skilanglauf (8 km/h)	776	3 250
Boden schrubben	229	960	Sitzen	29	120
Brustschwimmen (50 m/min)	680	2 850	Spielen/Aufräumen	60	250
Dauerlauf (10 km/h)	597	2 500	Stehen	33	140
Fenster putzen	174	730	Staub saugen	179	750
Fußball spielen	454	1 900	Tanzen	239	1 000
Gehen (2 km/h)	96	400	Teig kneten	156	660
Gymnastik	334	1 400	Tischtennis	272	1 140
Kochen im Stehen	96	400	Treppen steigen (60 Stufen mit 10 kg)	530	2 220
Rad fahren	167	700	Wäsche bügeln	136	570

Auswahl von zugelassenen Lebensmittelzusatzstoffen mit E-Nummern

E-Nr.	Namen	Herkunft	Wirkungen	Einstufungen
Farbstoffe				
E100	Kurkumin (gelb)	natürlich	fördert Gallensaftfluss	unbedenklich
E101	Riboflavin (gelb)	natürlich	Vit. B_1	unbedenklich
E102	Tartrazin (gelb)	künstlich	allergieauslösend	vom Verzehr wird abgeraten
E127	Erythrosin (rot)	künstlich	beeinflusst Schilddrüsenfunkt.	vom Verzehr wird abgeraten
E150c	Ammoniak-Zuckerkulör (braun)	künstlich	Krämpfe auslösend	häufigen Verzehr vermeiden
E160a	Carotine (orange)	künstlich	Vitamin A bildend	unbedenklich
E180	Litholrubin BK (rot)	künstlich	allergieauslösend	häufigen Verzehr vermeiden
Konservierungsstoffe				
E200	Sorbinsäure	künstlich		unbedenklich
E210	Benzoesäure	künstlich	allergieauslösend	häufigen Verzehr vermeiden
E214	Ethyl-p-hydroxy-benzoat	künstlich	allergieauslösend	häufigen Verzehr vermeiden
E220	Schwefeldioxid	künstlich	Kopfschmerzen, Übelkeit	häufigen Verzehr vermeiden
E230	Biphenyl, Diphenyl	künstlich	Organveränderungen	vom Verzehr wird abgeraten
E249	Kaliumnitrit	künstlich	} Behinderung des Sauer-	häufigen Verzehr vermeiden
E250	Natriumnitrit, Nitritpökelsalz	künstlich	} stofftransports im Blut	häufigen Verzehr vermeiden
E251	Natriumnitrat	künstlich	Sauerstoffmangel	häufigen Verzehr vermeiden
E252	Kaliumnitrat	künstlich	Sauerstoffmangel	häufigen Verzehr vermeiden
E260	Essigsäure	künstlich		unbedenklich
E270	Milchsäure	künstlich		unbedenklich
E280	Propionsäure	künstlich	Geschmacks- und Geruchsbeeinträchtigungen	häufigen Verzehr vermeiden
E290	Kohlenstoffdioxid, Kohlensäure	natürlich		unbedenklich
E300	Ascorbinsäure	künstlich	Vitamin C	unbedenklich

Süßstoffe			Bindemittel		
E953	Isomalt	} häufigen Verzehr	**E400**	Alginsäure	} häufigen Verzehr
E954	Saccharin	} vermeiden	**E406**	Agar-Agar	} vermeiden
E957	Thaumatin	unbedenklich	**E410**	Johannisbrotkernmehl	unbedenklich
E966	Lactit	} Verzehr über 50 g/Tag	**E413**	Traganth	unbedenklich
E967	Xylit	} ist abzuraten	**E414**	Gummi arabicum	unbedenklich

Von der WHO empfohlene Richtwerte für Nitrat und Nitrit

(bezogen auf die tägliche Aufnahme)

	Richtwerte	Säuglinge (ca. 5 kg)	Kind (ca. 20 kg)	Erwachsener (ca. 60–70 kg)
Nitrat	3,65 mg/kg	18,3 mg	73,0 mg	219,0 mg
Nitrit	0,13 mg/kg	0,65 mg	2,6 mg	7,8 mg

Stoff- und Energiewechsel

Normalgewicht NG und Idealgewicht IG (nach BROCA)	$NG = (Kgr - 100) \cdot kg$ $IG = NG \cdot 0{,}9$ bei Jugendlichen: $IG = NG \cdot 0{,}85$	Kgr Körpergröße in cm
Leistungsumsatz LU	$LU = (h_1 \cdot EV_1) + (h_2 \cdot EV_2) + \ldots + (h_n \cdot EV_n)$	$m_{Körper}$ Körpermasse in kg h Zeit in Stunden für die ausgeführte Tätigkeit EV Energieverbrauch je Stunde der Tätigkeit in kJ (Tabelle S. 107) EG_n Energiegehalt der Nahrungsmittel (Tabelle S. 107) Bf Bedarfsfaktor der Nährstoffe (Tabelle s. u.) EG Energiegehalt der Nährstoffe (Tabelle s. u.)
Nährstoffbedarf Nb	$Nb = Bf \cdot m_{Körper}$	
Energiebedarf Eb	$Eb = (Nb_{KH} \cdot EG_{KH}) + (Nb_{Fett} \cdot EG_{Fett}) + (Nb_{Eiw} \cdot EG_{Eiw})$	
Energiegehalt EG_m einer Mahlzeit	$EG_m = EG_{n_1} + EG_{n_2} + \ldots + EG_{n_n}$	
Blutalkoholgehalt BAG (nach WIDMARK)	$BAG = \frac{m_{Alkohol}}{m_{Körper} \cdot r} = \frac{V_{Alkohol} \cdot D}{m_{Körper} \cdot r}$	BAG Blutalkoholgehalt in ‰ r Reduktionsfaktor männlich 0,7; weiblich 0,6 D Dichte von Alkohol (0,79 g je ml) $m_{Alkohol}$ aufgenommene Alkoholmenge in g $m_{Körper}$ Körpermasse in kg $V_{Alkohol}$ Volumen des Alkohols in ml

Energiegehalt der Nährstoffe

Nährstoffe	Energiegehalt in kJ/g	Bedarfsfaktor in g/kg Körpermasse	tägliche Menge des Energiebedarfs in %
Fette	39	0,9	30–35
Eiweiße (Eiw)	17	0,8	15
Kohlenhydrate (KH)	17	3,0	50–55

Sexualbiologie/Entwicklung

PEARL-Index PI (Versagerquote)	$PI = \frac{N}{N_{Anwender} \cdot t}$	N Anzahl der ungewollten Schwangerschaften t Beobachtungszeitraum in Jahren $N_{Anwender}$ Anzahl der Anwender/innen
Berechnung des Entbindungstermins ET (naegelsche Regel)	$Et = T_m + 7,\ M_m - 3,\ J_m + 1$ (nicht anwendbar, wenn Et im Oktober, November oder Dezember liegt)	$(T, M, J)_m$ Termin des ersten Tages der letzten Menstruation (T Tag, M Monat, J Jahr) Anwendung: T, M, J = 20.06.1992 20 + 7, 6 − 3, 1992 +1 Et = 27.03.1993
Intelligenzquotient IQ	$IQ = \frac{Intelligenzalter}{Lebensalter} \cdot 100$	Das Intelligenzalter ergibt sich aus Ergebnissen eines Intelligenztests; der IQ wurde für Jugendliche und Kinder unter 15 Jahre abgeleitet.

Bio
Bio

Technische Grundlagen

Technische Realisierung logischer Verknüpfungen

Bestandteile und Bedeutung der Symbole:

E, E_1, E_2 Eingänge A Ausgang

0 keine Spannung vorhanden; Strom fließt nicht; low ≙ 0 Volt; falsch

1 Spannung vorhanden; Strom fließt; high ≙ 5 Volt; wahr

Verknüpfung	Beispiel für elektrische Schaltungen	Symbol nach DIN 40900	Funktionstabelle
Buffer (Zwischenspeicher, Identität)	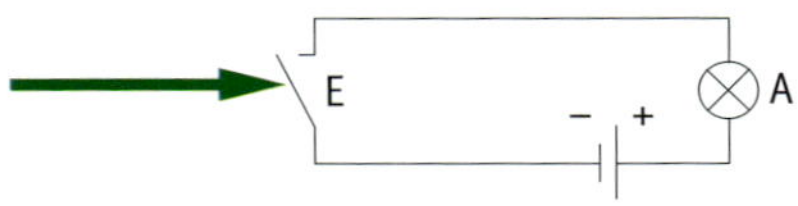	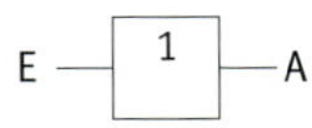	E A 0 0 1 1
NOT (NICHT, Negator, Negation)	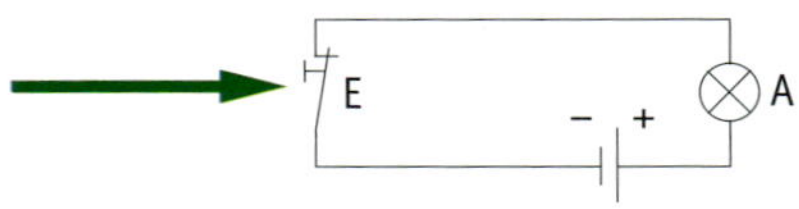	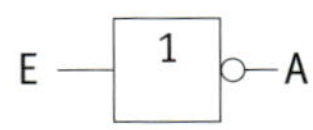	E A 0 1 1 0
AND (UND, Konjunktion)	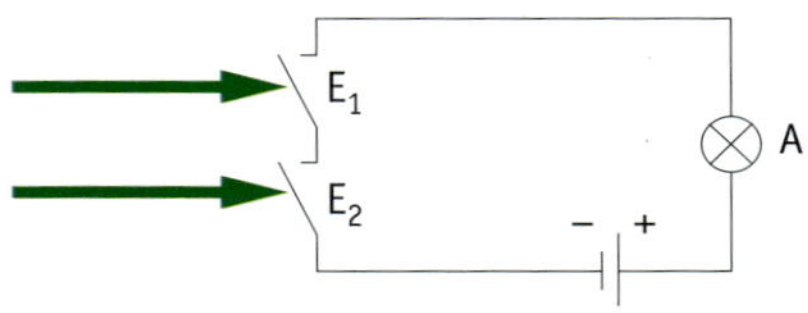 Reihenschaltung	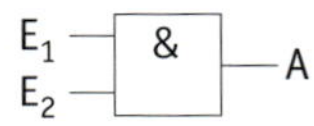	E_1 E_2 A 0 0 0 0 1 0 1 0 0 1 1 1
NAND (UND – NICHT)	Zusammenfügung von AND und NOT 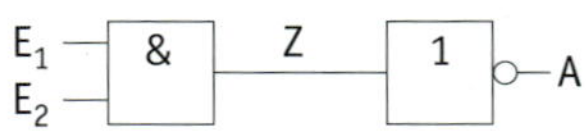	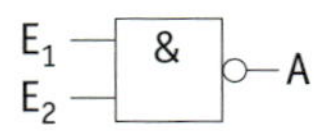	E_1 E_2 A 0 0 1 0 1 1 1 0 1 1 1 0
OR (ODER, Disjunktion)	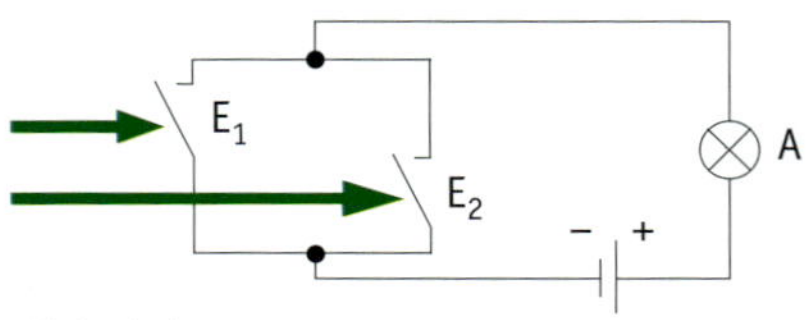 Parallelschaltung	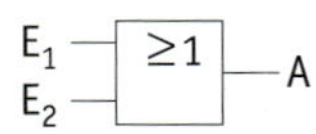	E_1 E_2 A 0 0 0 0 1 1 1 0 1 1 1 1
NOR (ODER – NICHT)	Zusammenfügung von OR und NOT 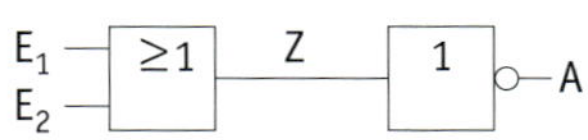	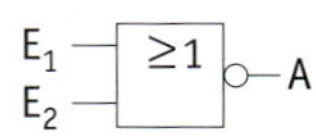	E_1 E_2 A 0 0 1 0 1 0 1 0 0 1 1 0
EXOR (Exklusiv-ODER, ENTWEDER – ODER, ausschließendes ODER, Alternative)	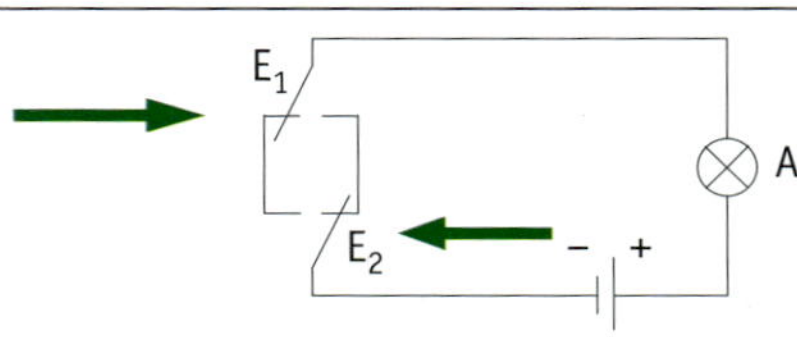	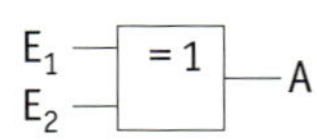	E_1 E_2 A 0 0 0 0 1 1 1 0 1 1 1 0

Inf
Inf

Datendarstellung

Dualsystem (Zweiersystem, dyadisches System, binäres System)

Grundziffern: 0, I **Stellenwert:** Potenzen von 2 **Kennzeichnung:** b

Darstellungsform: $b_m b_{m-1} \dots b_0,\ b_{-1}\ b_{-2} \dots b_{-n}$ $m, n \in \mathbb{N}$ $b_i \in \{0; 1\}$

Beispiel: IOIOI,IIb $= 1 \cdot 2^4 + 0 \cdot 2^3 + 1 \cdot 2^2 + 0 \cdot 2^1 + 1 \cdot 2^0 + 1 \cdot 2^{-1} + 1 \cdot 2^{-2} = 16 + 0 + 4 + 0 + 1 + 0{,}5 + 0{,}25 = 21{,}75$

Addition	Grundaufgaben 0 + 0 = 0 0 + I = I + 0 = I I + I = I 0	I I I I b + I 0 0 I I b I 0 0 0 I 0 b 15 + 19 34
Komplementdarstellung (für negative ganze Zahlen)	$-Z = \neg Z + 1$ Z positive Dualzahl $\neg$ bitweise Negation ($-Z$ wird als Differenz $2^n - Z$ dargestellt)	Z = 55 = 0 0 I I 0 I I I b n = 8 ¬Z = I I 0 0 I 0 0 0 b −Z = ¬Z + 1 = I I 0 0 I 0 0 I b = 201 = $2^8 - 55$
Subtraktion	– entspricht der Addition des Komplements; der Übertrag der ersten Ziffer wird gestrichen	85 − 55 30 0 I 0 I 0 I 0 I b − 0 0 I I 0 I I I b = + I I 0 0 I 0 0 I b 0 0 0 I I I I 0 b
Multiplikation	Grundaufgaben 0 · 0 = 0 0 · I = I · 0 = 0 I · I = I	I 0 I I 0 · I I I 0 I I 0 I 0 I I 0 I 0 0 0 0 I 0 22 · 3 66

Einheiten der Datendarstellung

Bit	kleinste Einheit der Datendarstellung, kann 2 mögliche Werte annehmen (0/I, 0/1, 0/L, falsch/wahr, Schalter geöffnet/Schalter geschlossen, Strom fließt nicht/Strom fließt; in der Technik auch L/H)
Byte	Zusammenfassung von 8 Bit zu einem Zeichen, dadurch können $2^8 = 256$ verschiedene Zeichen dargestellt werden. Auch Maßeinheit der Speicherkapazität: 1 KByte = 2^{10} Byte = 1024 Byte 1 MByte = 2^{20} Byte = 1048576 Byte

Hexadezimalsystem

Grundziffern: 0, 1, 2, 3, 4, 5, 6, 7, 8, 9, A, B, C, D, E, F **Stellenwert:** Potenzen von 16 **Kennzeichnung:** h

Darstellungsform: $h_m h_{m-1} \dots h_0,\ h_{-1}\ h_{-2} \dots h_{-n}$ $m, n \in \mathbb{N}$ $h \in \{0; 1; \dots ; 9; A; B; \dots ; F\}$

Beispiel: 14E,2 h $= 1 \cdot 16^2 + 4 \cdot 16^1 + 14 \cdot 16^0 + 2 \cdot 16^{-1} = 256 + 64 + 14 + 0{,}125 = 334{,}125$

Vergleich: Dezimalzahlen (z), Dualzahlen (Bitmuster, b), Hexadezimalzahlen (h)

z	b	h	z	b	h	z	b	h	z	b	h
0	00000000	00	10	0000I0I0	0A	20	000I0I00	14	30	000IIII0	1E
1	0000000I	01	11	0000I0II	0B	21	000I0I0I	15	31	000IIIII	1F
2	000000I0	02	12	0000II00	0C	22	000I0II0	16	32	00I00000	20
3	000000II	03	13	0000II0I	0D	23	000I0III	17	55	00II0III	37
4	00000I00	04	14	0000III0	0E	24	000II000	18	85	0I0I0I0I	55
5	00000I0I	05	15	0000IIII	0F	25	000II00I	19	99	0II000II	63
6	00000II0	06	16	000I0000	10	26	000II0I0	1A	100	0II00I00	64
7	00000III	07	17	000I000I	11	27	000II0II	1B	127	0IIIIIII	7F
8	0000I000	08	18	000I00I0	12	28	000III00	1C	128	I0000000	80
9	0000I00I	09	19	000I00II	13	29	000III0I	1D	255	IIIIIIII	FF

ASCII-Zeichen (erweiterter Code)

ASCII (**A**merican **S**tandard **C**ode for **I**nformation **I**nterchange)

dez dezimaler Wert

DOS Die Zeichen erhält man unter DOS folgendermaßen: ALT-Taste gedrückt halten und auf dem Ziffernblock der Tastatur den Dezimalwert eingeben, der dem gewünschten Zeichen entspricht (Code-Tabelle 850).

Win Die Zeichen erhält man unter Windows folgendermaßen: ALT-Taste gedrückt halten und auf dem Ziffernblock der Tastatur 0 und den Dezimalwert eingeben, der dem gewünschten Zeichen entspricht.

dez	DOS	Win	dez	DOS	Win	dez	DOS	Win	dez	DOS	Win	dez	DOS	Win	dez	DOS	Win	dez	DOS	Win	dez	DOS	Win
			60	<	<	90	Z	Z	120	x	x	150	û	–	180	┤	´	210	Ê	Ò	240	−	ð
			61	=	=	91	[	[	121	y	y	151	ù	—	181	Á	µ	211	Ë	Ó	241	±	ñ
32			62	>	>	92	\	\	122	z	z	152	ÿ	˜	182	Â	¶	212	È	Ô	242	‗	ò
33	!	!	63	?	?	93	]	]	123	{	{	153	Ö	™	183	À	·	213	ı	Õ	243	¾	ó
34	"	"	64	@	@	94	^	^	124	|	|	154	Ü	š	184	©	¸	214	Í	Ö	244	¶	ô
35	#	#	65	A	A	95	_	_	125	}	}	155	ø	›	185	╣	¹	215	Î	×	245	§	õ
36	$	$	66	B	B	96	`	`	126	~	~	156	£	œ	186	║	°	216	Ï	Ø	246	÷	ö
37	%	%	67	C	C	97	a	a	127	⌂		157	Ø		187	╗	»	217	┘	Ù	247	¸	÷
38	&	&	68	D	D	98	b	b	128	Ç		158	×		188	╝	¼	218	┌	Ú	248	°	ø
39	'	'	69	E	E	99	c	c	129	ü		159	ƒ	Ÿ	189	¢	½	219	█	Û	249	¨	ù
40	(	(	70	F	F	100	d	d	130	é	‚	160	á		190	¥	¾	220	▄	Ü	250	·	ú
41	)	)	71	G	G	101	e	e	131	â	ƒ	161	í	¡	191	┐	¿	221	¦	Ý	251	1	û
42	*	*	72	H	H	102	f	f	132	ä	„	162	ó	¢	192	└	À	222	Ì	Þ	252	³	ü
43	+	+	73	I	I	103	g	g	133	à	…	163	ú	£	193	┴	Á	223	▀	ß	253	²	ý
44	,	,	74	J	J	104	h	h	134	å	†	164	ñ		194	┬	Â	224	Ó	à	254	■	þ
45	–	–	75	K	K	105	i	i	135	ç	‡	165	Ñ	¥	195	├	Ã	225	β	á	255		ÿ
46	.	.	76	L	L	106	j	j	136	ê	^	166	ª	¦	196	─	Ä	226	Ô	â			
47	/	/	77	M	M	107	k	k	137	ë	‰	167	º	§	197	┼	Å	227	Ò	ã			
48	0	0	78	N	N	108	l	l	138	è	Š	168	¿	¨	198	ã	Æ	228	õ	ä			
49	1	1	79	O	O	109	m	m	139	ï	‹	169	®	©	199	Ã	Ç	229	Õ	å			
50	2	2	80	P	P	110	n	n	140	î	Œ	170	¬	ª	200	╚	È	230	µ	æ			
51	3	3	81	Q	Q	111	o	o	141	ì		171	½	«	201	╔	É	231	þ	ç			
52	4	4	82	R	R	112	p	p	142	Ä		172	¼	¬	202	╩	Ê	232	Þ	è			
53	5	5	83	S	S	113	q	q	143	Å		173	¡	-	203	╦	Ë	233	Ú	é			
54	6	6	84	T	T	114	r	r	144	É		174	«	®	204	╠	Ì	234	Û	ê			
55	7	7	85	U	U	115	s	s	145	æ	‘	175	»	¯	205	═	Í	235	Ù	ë			
56	8	8	86	V	V	116	t	t	146	Æ	’	176	░	°	206	╬	Î	236	ý	ì			
57	9	9	87	W	W	117	u	u	147	ô	“	177	▒	±	207	¤	Ï	237	Ý	í			
58	:	:	88	X	X	118	v	v	148	ö	”	178	▓	²	208	ð	Đ	238	¯	î			
59	;	;	89	Y	Y	119	w	w	149	ò	•	179	│	³	209	Đ	Ñ	239	´	ï			

Die ersten 32 Zeichen (0 bis 31) sind im Allgemeinen für die Steuerung reserviert. Das Zeichen mit dem dezimalen Wert 32 ist das Leerzeichen.

Inf

Datentypen

Datentyp	Bedeutung	Beispiele für konkrete Werte	mögliche Operationen, Relationen und Funktionen
integer	ganze Zahlen (im Allgemeinen aus $[-2^{15}; 2^{15}-1]$)	−101 0 5 −66 3000	+, −, * (Mult.), div (ganzzahlige Division), mod (Rest bei div), abs (Absolutbetrag), Vergleichsrelationen
real	rationale Näherungswerte für reelle Zahlen Da der Computer nur endlich lange Zahlenwerte verarbeiten kann, sind die Zahlen ungleichmäßig verteilt.	−26,53 0,03 5 102,5 −666,6 99 22,5E20 ($22{,}5 \cdot 10^{20}$) Ein Computer rechne auf 6 Stellen genau. Dann liegen in [0; 1[1 Mio Zahlen, in [999998; 999999[liegt nur eine Zahl, nämlich 999998.	+, −, *, / (Division), Vergleichsrelationen ($<, >, \leq, \geq, =, \neq$), verschiedene mathematische Funktionen wie sqrt (Quadratwurzel), sin, ln, ... Die üblichen Rechengesetze (Kommutativgesetz, Assoziativgesetz, Distributivgesetz) gelten in der Menge der Computerzahlen nicht, was in Einzelfällen zu großen Rechenungenauigkeiten führen kann.
boolean (logical)	logische Werte	wahr (true) falsch (false)	NOT (nicht, $\neg$), AND (und, $\wedge$), OR (oder, $\vee$), IMPL (folgt, $\Rightarrow$)
char (character)	Zeichen (Ziffern, Buchstaben, Sonderzeichen, Grafiksymbole)	9 0 S c Y [Ø " Æ	ord (ordnet dem Zeichenwert die entsprechende ASCII-Codezahl zu), chr (ordnet der Codezahl das entsprechende Zeichen zu)
string	Zeichenkette (eigentlich Datenstruktur Feld mit Elementen vom Typ char)	Otto ee A1 1234+ 12627 Berlin	verschiedene Funktionen zur Aneinanderreihung, Wiederholung, Aussonderung, Suche und Längenbestimmung, Vergleichsrelationen

Datenstrukturen

Datenstruktur	Konstruktion und Bedeutung	Beispiele
Feld (array)	Zusammenfassung von Daten gleichen Typs (den Feldelementen) – in einer Reihe (eindimensionales Feld) – in Reihen und Spalten (z. B. zweidimensionales Feld) Jedes Feldelement ist durch Ordnungszahlen (*Indizes*) eindeutig festgelegt. Bei zweidimensionalen Feldern besitzt jedes Element 2 Indizes, bei dreidimensionalen Feldern 3 usw.	– Namensliste – Parameter eines Gleichungssystems (als Matrix dargestellt) – Stichprobe
Verbund (record)	Zusammenfassung von Daten unterschiedlichen Typs Bei der Datenstruktur Verbund spricht man auch von einem **Datensatz** (z. B. Angaben zu einer Person), der aus einzelnen **Datenfeldern** (z. B. Name, PLZ, Wohnort, Straße, Telefon) besteht.	– Zusammenfassung von Warenbezeichnungen und Zahlen zu einer Preisliste – Personalien
File	sequenzielle (aufeinander folgende) Zusammenfassung von Daten gleichen Typs Ein File kann ständig erweitert werden (dynamische Datenstruktur) und wird unter einem Namen auf Datenträgern abgespeichert.	– Namensliste – Zahlenfolge – Messreihe

Baum	Die betrachteten Daten stehen nicht auf gleichem Niveau, es gibt über- und untergeordnete Daten. Jedes Datum auf einem gegebenen Niveau ist genau einem Datum von unmittelbar höherem Niveau unterstellt. Jedes Datum kann auf mehrere Daten des nächstniedrigeren Niveaus Bezug nehmen. Es gibt genau ein Datum, das keinen Vorgänger hat.	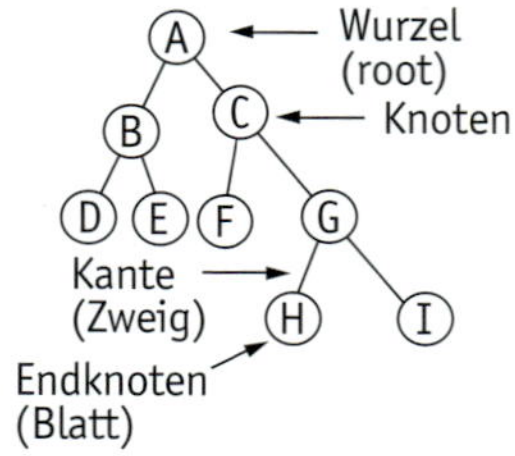	– Generationsfolge einer Familie – baumartige Einteilung der Tierwelt – Notation von aufeinander folgenden möglichen Antworten zum Lösen eines Problems, die nur „ja“ oder „nein“ lauten können („**binärer Baum**“)

Algorithmenstrukturen

a, a_1, a_2, a_n Anweisungen; b Bedingung erfüllt

Name	**Darstellungsform**		
	verbal formalisiert	**grafisch (Struktogramm)**	**in einer Programmiersprache (PASCAL)**

Folge (Verbundanweisung)	Anweisung 1
	Anweisung 2
	...
	Anweisung n
		Anweisung 1
		Anweisung 2
		
		Anweisung n
			BEGIN
			Anweisung 1;
			...
			END;

einseitige Auswahl	WENN Bedingung, DANN Anweisung	ja / b / nein a | ·/.	IF Bedingung THEN Anweisung;
zweiseitige Auswahl (Alternative)	WENN Bedingung, DANN Anweisung 1 SONST Anweisung 2	ja / b / nein a_1 | a_2	IF Bedingung THEN Anweisung 1 ELSE Anweisung 2;
mehrseitige Auswahl (Fallunterscheidung)	FALLS Selektor= 1: Anweisung 1 ... n: Anweisung n ENDE	Falls s = 1 | 2 | – – – | n a_1 | a_2 | | a_n	CASE Selektor OF 1: Anweisung 1; ... n: Anweisung n; END;
Wiederholung mit vorangestelltem Test (mit Eingangsbedingung)	SOLANGE b, FÜHRE Anweisungen AUS	Solange b tue | a	WHILE Bedingung DO Anweisung oder Verbund;
Wiederholung mit nachgestelltem Test (mit Abbruchbedingung)	WIEDERHOLE Anweisungen BIS b	Wiederhole | a bis b	REPEAT Anweisungen UNTIL b;
gezählte Wiederholung (Zählschleife)	FÜR i := anfw BIS endw (mit SCHRITTWEITE s) FÜHRE Anweisungen AUS	Für i = anfw bis endw tue | a	FOR i := anfw TO endw DO Anweisung oder Verbund; (für TO auch DOWNTO)

Die Erde – besondere Werte